# 追及！民主主義の蹂躙《じゅうりん》者たち

## 戦争法廃止と立憲主義復活のために

上脇 博之



日本機関紙出版センター

# はじめに

「集団的自衛権」は、自国を守（衛）るためのものではなく、他国を守（衛）るためのものです。ですから、「他衛権」と表現した方がわかりやすいでしょう。

民意を歪曲する違憲の小選挙区選挙のおかげで、２度目の内閣総理大臣に就任した安倍晋三自民党総裁は、２０１３年2月15日、党本部で開かれた憲法改正推進本部（保利耕輔本部長）の会合で講演し、自衛隊について「自分を守る利己的な軍隊だとの印象がある」として、自民党が衆議院総選挙の公約で掲げた「国防軍」創設の必要性を訴えました（時事通信の配信記事）。つまり、安倍自民党の9条改憲は外国が日本を武力攻撃することに備えるという「専守防衛」のためではないのです。

そして安倍政権は、憲法9条の明文改憲が実現できる状況にないため、昨14年7月の閣議決定で、集団的自衛権＝他衛権の行使の一部につき「合憲」であるとして、従来の政府見解を変更しました。それは主権者国民の多数が反対する中の暴挙であり、クーデターの始まりでした。

このクーデターを法的に整備して、より確実なものにしようとしたのが、２０１５年の安保関連法案＝戦争法案の国会提出でした。憲法研究者をはじめ専門家の圧倒的多数が違憲と明言し、国民の圧倒的多数が「法案に反対」ないし「今国会での採決に反対」の意思を示しているにもかかわらず、安倍政権は、9月19日未明に戦争法案の採決を強行しました。

これは、憲法によって拘束される政治・行政という立憲主義と、民意に基づかなければならないという民主主義を、露骨に蹂躙《じゅうりん》するものであり、安倍政権の究極の暴挙でした。

この点は、集団的自衛権の行使容認だけではなく、いわゆる兵站を「後方地域支援」から「後方支援」へと拡大させた点でも言えることです。兵站は国際社会では軍事活動であり、武力の行使だからです。

このままでは、日本は国際法を遵守さえしないアメリカの戦争に本格的に参戦し、これまで以上に戦争の加害国になってしまいます。そうなると、反撃を受け、あるいはまたテロの対象になり被害者を出すことになるでしょう。

戦争法案に賛成した衆参の国会議員は、日本国憲法の平和主義を蹂躙し、平和的生存権を侵害しており、国民主権・民主主義を実質的には否定したのです。その行為は国会議員に憲法が課している尊重擁護義務（第99条）を果たさないどころか、立憲主義を否定したのです。

私たち主権者は、この暴挙を忘れず、この暴挙を決して許してはなりません。そして、今後の国政選挙の重大な争点にすべきです。選挙の争点をつくるのは、主権者である私たちです。そのためには、これまでの運動を止めず継続しなければなりません。

〈もくじ〉　追及！　民主主義の蹂躙者たち

## 4　新たな民主主義運動 ―落選運動の法的解説―　78

# 1　憲法破壊の国家改造とアメリカの要求

## 従来の自民党政権の「集団的自衛権行使・違憲」論

国際連合憲章では、個別的自衛権だけではなく集団的自衛権（他衛権）についても、「必要な措置をとるまでの間」例外的にその行使を認めています（第51条）が、これは、制定当時、軍事同盟を結成することをめざしていたアメリカが主張し、大国ソ連も賛成して盛り込まれたもので、「自衛権」の枠を超えるものです。現に戦争大国は小国の戦争に積極的に参戦してきました。その後、戦争大国は、小国に他衛権（集団的自衛権）を行使させ、自国の戦争への軍事的協力を他国に求めてきました。

日米安保条約は、集団的自衛権（他衛権）を定めていますが、自民党政権は、従来、その行使は憲法違反（違憲）であると解釈してきました。日本国憲法第9条は一切の戦争だけではなく、武力の行使、武力による威嚇さえも放棄し、交戦権を認めていないのですから、集団的自衛権＝他衛権の行使が違憲であることは明白です。たとえ「専守防衛」のために自衛隊を「合憲」と「解釈」する「解釈改憲」の立場に立っても、他衛権の行使は、その一部であっても、「専守防衛」の枠を超えることは明白ですから、合憲になるはずがありません。

歴代の自民党政権も、これまで集団的自衛権＝他衛権の行使につき、「専守防衛」の枠さえも超えるので、「憲法の認めている所ではないと考えている。」と答弁し（例えば、1980年10月14日、鈴木善幸首相の答弁)、歴代の自民党政権は違憲と解釈して、この立場を維持してきました。

## 集団的自衛権行使容認の閣議決定

ところが、安倍晋三自公連立政権は、2014年7月1日に、主権者国民の多数が反対している中、以下のように閣議決定しました。

「我が国に対する武力攻撃が発生した場合のみならず、我が国と密接な関係にある他国に対する武力攻撃が発生し、これにより我が国の存立が脅かされ、国民の生命、自由及び幸福追求の権利が根底から覆される明白な危険がある場合において、これを排除し、我が国の存立を全うし、国民を守るために他に適当な手段がないときに、必要最小限度の実力を行使することは、従来の政府見解の基本的な論理に基づく自衛のための措置として、憲法上許容されると考えるべきであると判断するに至った。」

この閣議決定では、日本が外国から武力攻撃を受けていなくても「我が国と密接な関係にある他国に対する武力攻撃が発生」したら、他国の戦争に参戦することを認めています。これは、つまり、「他衛権」である「集団的自衛権」の行使について認めたものです。

しかし、安倍政権は「他衛権」の行使を「合憲」と「解釈」し、従来の政府の憲法解釈を変更したのです。これは「解釈改憲」の強行であり、一種のクーデターの始まりです。そしてこれを具体化するための法整備となる「立法改憲」も必要になりますので、このクーデターはまだ完了しているわけではないのですが、その一歩となるものです。

私がこのクーデターをそう評するのは、1つは立憲主義の点から、もう1つは民主主義の点から、重大な問題だからです。

政府は、「我が国の存立が脅かされ、国民の生命、自由及び幸福追求の権利が根底から覆される明白な危険がある場合」に限定しているので、集団的自衛権＝他衛権の行使の容認は「限定的」と説明してきました。しかし、その保証はどこにもありません。百歩譲って、たとえそうだとしても、集団的自衛権＝他衛権の行使を合憲とする「解釈」は、憲法9条からは生まれてくる余地はなく解釈の枠を超えます。このことは、政府内の憲法解釈の専門家である歴代の内閣法制局長官が「解釈改憲」に異を唱えていたことからも明らかです。

加えて、〝憲法改正の限界〟論から考えると、もっと明らかになります。憲法改正は、既存の憲法を前提としていますから、その本質を変更できないという理論的な限界があります。ですから既存の憲法と全く異質の内容のものができてしまえば、それは「新憲法の制定」であって、憲法改正とは言えないからです。

憲法学会の通説では、自衛隊は違憲で、いっさいの戦力も自衛力も持てないわけですが、日本国憲法の平和主義の本質がこの点にあるという立場からすると、「専守防衛」のための再軍備さえも、憲法改正の限界を超えるので憲法改正手続きを経ても改正することは許されません。また、仮に「専守防衛」のための改憲は改正の限界内であるという立場に立ったとしても、集団的自衛権＝他衛権の行使は、日本が外国から武力攻撃を受けていないのに他国の戦争に参戦することになるのですから、それは自衛権ではなく〝他衛権〟の行使で、明らかに「専守防衛」の枠を超えます。このように憲法改正手続きを経ても許されず無効になるものが、政府の解釈で合憲になるはずがないというのが、第1点です。

もう1つは民主主義の点からです。憲法改正の限界を超えても、圧倒的多数の民衆が今よりももっと高い次元の良い社会を目指す〝革命〟であれば正当化される可能性があります。しかし、安倍政権の閣議決定は明らかに歴史の歯車を後ろに戻す改悪であり、政権にとって都合の悪い憲法が邪魔だから、国民が賛成しなくても政府の解釈で変えてしまうというものです。また現在は、9条の明文改憲が困難であることはさまざまな世論調査からも明らかです。国会内の改憲政党間でも合意に至りません。安倍首相は憲法の改正手続きを定めた憲法96条を先に「改正」してから憲法9条を「改正」する、憲法第96条先行改憲をしようとしましたが、これも世論の強い反対で挫折しました。世論が明文改憲を支持しないのですから、普通の民主主義国家なら断念するのが当たり前です。ところが、抵抗する内閣法制局長官を、従来の人事慣行を無視して、憲法解釈の素人の容認派に交代させ、「解釈改憲」を強行しました。それはあまりにも異常です。さらにその「解釈改憲」も、世論調査の結果をみれば、賛成は2割台、高くても3割台で、国民の支持は低いのです。この点でもクーデターの一歩という評価をすべきでしょう。

そのクーデターをさらに一歩進めるために、自公与党は、2015年5月、マスコミでは「平和安全法制」と呼ばれた11の安保関連法案に合意（2015年5月11日）し、安倍内閣は同法案を閣議決定し（5月14日）、国会に提出しました（翌15日に）。

戦争立法である「平和安全法制」11法案は、武力攻撃事態法改正案など現行法の改正案10本を一括

**平和安全法制11法案**

| | これまでの戦争立法 | 今回の戦争立法・安保関連法案 |
|---|---|---|
| 国際平和支援法案 | ○○特別措置法 | 国際平和共同対処事態に際して我が国が実施する諸外国の軍隊等に対する協力支援活動等に関する法律案(**平和安全法制整備法案**) |
| 平和安全法制整備法案 | 自衛隊法 | 自衛隊法の一部改正案 |
| | 国際連合平和維持活動等に対する協力に関する法律(**ＰＫＯ協力法**) | 国際連合平和維持活動等に対する協力に関する法律の一部改正案 |
| | 周辺事態に際して我が国の平和及び安全を確保するための措置に関する法律(**周辺事態法**) | 重要影響事態に際して我が国の平和及び安全を確保するための措置に関する法律案(**重要影響事態法案**) |
| | 周辺事態に際して実施する船舶検査活動に関する法律 | 重要影響事態等に際して実施する船舶検査活動に関する法律案 |
| | 武力攻撃事態等における我が国の平和と独立並びに国及び国民の安全の確保に関する法律(**武力攻撃事態法**) | 武力攻撃事態等及び存立危機事態における我が国の平和と独立並びに国及び国民の安全の確保に関する法律案(存立危機事態法案) |
| | 武力攻撃事態等におけるアメリカ合衆国の軍隊の行動に伴い我が国が実施する措置に関する法律(**米軍行動円滑化法**) | 武力攻撃事態等及び存立危機事態におけるアメリカ合衆国等の軍隊の行動に伴い我が国が実施する措置に関する法律案 |
| | 武力攻撃事態等における特定公共施設等の利用に関する法律 | 武力攻撃事態等における特定公共施設等の利用に関する法律の一部改正案 |
| | 武力攻撃事態における外国軍用品等の海上輸送の規制に関する法律(**外国軍用品等海上輸送規制法**) | 武力攻撃事態及び存立危機事態における外国軍用品等の海上輸送の規制に関する法律案7 |
| | 武力攻撃事態における捕虜等の取扱いに関する法律(**捕虜等取り扱い法**) | 武力攻撃事態及び存立危機事態における捕虜等の取扱いに関する法律案 |
| | 国家安全保障会議設置法 | 国家安全保障会議設置法の一部改正案 |

した「平和安全法制整備法案」と、自衛隊の海外派遣の恒久法「国際平和支援法案」で構成されていました。その中にはたとえば、1999年制定の「周辺事態法」のように「重要影響事態法」へと法律の名称を変更するようなものも含まれています。

## 戦争法案に対する世論のかつてない反対

この安保関連法案は、そのような「解釈改憲」に基づいており、日本国憲法の平和主義を否定していますから、主権者国民の多くが反対していました。それなのに、与党が強行採決したことは、やはり「政権による法的なクーデター以外のなにものでもない」と言わざるを得ません。

衆議院特別委員会で7月15日、安倍首相は安保関連法案について「国民の理解が得られていないのは事実だ」と認めました。しかし、自公与党は、その直後、同法案の採決を強行したのです。

審議が参議院に移っても、審議の中断は111回も繰り返され、なぜ集団的自衛権の行使が必要なのか、法案の根幹部分についてさえ、政府はまともな答弁ができなくなり、審議を進めれば進めるほど矛盾が露わになり、最後はボロボロの状態に追い込まれました。後述するように安倍政権さえ本心では法案が違憲だと思っているからこそ答弁も矛盾だらけで、野党や国民を納得させる説明ができなかったのです。

立法が必要な理由として安倍首相が衆議院段階でくり返し説明していた、ホルムズ海峡での機雷掃海や邦人救出する米艦への攻撃の反撃については、参議院段階では、「今の国際情勢に照らせば、現実問題として発生することは具体的に想定していない」とか、「邦人が乗っているかは絶対的なもの

大阪市内の扇町公園で行なわれた集会には「戦争アカン！」のプラカードが一斉に掲げられた（2015年8月30日）

ではない」などと、まったく逆の説明をするようになりました。こうして安保法制の必要性がないことが判明したのですが、後述するように戦争法案成立がアメリカの要求に応えたものですから、与党は「結論先にありき」で、審議を軽視し、立法事実のない法案の採決を平気で強行したのです。

法律案は原則として衆議院と参議院で過半数の賛成で可決して法律になる（憲法第59条第1項）わけですが、合憲性が極めて疑わしい重大な法律案につき、条文は同じままでも、その中の重大な条文解釈において提案者が一方の院ともう一方の院とで全く異なる説明をした場合「両院で可決した」と評し得るのかという疑問さえ生じます。

採決直後の世論調査を見ても、朝日新聞の調査では安保関連法に「賛成」は30％、「反対」は51％で、反対が半数を占めています。国会での議論が「尽くされていない」は75％、安倍政権が国民の理解を得ようとする努力を「十分にしてこなかった」は74％にのぼります。読売新聞の調査でも、安保関連法の成立を「評価しない」は58％、「評価する」は31％で、安保関連法の内容について、政府・与党の説明が不十分だと思う人は82％に達しています。日経新聞でも、安保関連法の今国会成立を「評価しない」は54％で、「評価する」は31％にとどまり、集団的自衛権の行使に「賛成」は28％で、「反対」は53％です。

毎日新聞の調査では、成立を「評価しない」が57％で、「評価する」の33％を上回り、参院平和安全法制特別委員会で与党が強行採決したことに関しては「問題だ」が65％を占めています。安保関連法が「憲法違反だと思う」は60％となり成立前の7月調査（52％）より増加しています。審議が進むにつれて違憲論はむしろ強まったています。

国民の運動もかつてなく広がりました。連日の数万人単位の国会前の抗議行動とともに、全国各地で、若者をはじめ初めて集会等に参加する市民も大勢現れ、かつてない規模と回数の抗議行動が展開されました。

ところが安倍政権は、この主権者の声を踏みにじって戦法案の採決を強行したのです。

## 法律家たちはこぞって〝違憲〟

安全保障関連法案＝戦争法案の審議をふりかえると、6月4日の衆議院憲法審査会での憲法学者3名の参考人の〝違憲〟発言が大きな転機となりました。民主党が推薦した小林節慶応大学名誉教授、維新の党が推薦した笹田栄司早稲田大学政治経済学術院教授のみならず、自民党が推薦した長

◇今年6月の戦争法案についての世論調査結果・・・60%近くが反対

| 発表メディア | 質問項目 | 賛成 | 反対 |
|---|---|---|---|
| 読売新聞<br>(2015年6月8日) | 安全保障関連法案の今国会での成立について | 30 | 59 |
| 朝日新聞<br>(2015年6月22日) | 安全保障関連法案への賛否について | 29 | 53 |
| 産経新聞<br>(2015年6月29日) | 安全保障関連法案の今国会での成立について | 31.7 | 58.9 |
| NHK<br>(2015年6月8日) | 安全保障関連法案の今国会での成立について | 18 | 37 |
| 日本テレビ<br>(2015年6月14日) | 安全保障関連法案の今国会での成立について | 19.4 | 63.7 |
| 共同通信<br>(2015年6月21日) | 安保法案に | 27.8 | 58.7 |

◇戦争法案強行採決に批判的で戦争法案成立に「反対6割前後」の世論

| 発表メディア | 質問項目 | 賛成 | 反対 |
|---|---|---|---|
| 毎日新聞<br>(2015年7月19日) | 安保法案に | 27 | 62 |
| | 今国会成立について | 25 | 63 |
| 朝日新聞<br>(2015年7月19日) | 安保関連法案の今国会成立について | 20 | 69 |
| | 安保法案採決強行について | 17 | 69 |
| | 解釈改憲での集団的自衛権法整備に | 10 | 74 |
| 日本経済新聞<br>(2015年7月26日) | 安全保障関連法案の成立について | 26 | 49.7 |
| 産経新聞<br>(2015年7月20日) | 安全保障法案の今国会成立について | 29 | 63.4 |
| 読売新聞<br>(2015年7月26日) | 安保法案今国会成立について | 26 | 64 |
| 時事通信<br>(2015年7月17日) | 安保法案は合憲だという意見に | 19.8 | 53.8 |
| 共同通信<br>(2015年7月18日) | 安保法案今国会成立について | 24.6 | 68.2 |

※日付はインターネットでの公表日

記者会見でプラカードを掲げる学者や法曹関係者=2015年8月26日、東京弁護士会館で（提供：しんぶん赤旗）

谷部恭男早稲田大学法学学術院教授も、「集団的自衛権の行使が許されることは、従来の政府見解の基本的論理の枠内では説明がつかず、法的安定性を大きく揺るがすもので憲法違反だ。自衛隊の海外での活動は、外国軍隊の武力行使と一体化するおそれも極めて強い」と発言しました。

私たち憲法研究者は、その前日の6月3日、全国の憲法研究者有志の声明として、「安保関連法案に反対し、そのすみやかな廃案を求める憲法研究者の声明」を発表しました。声明には6月29日15時現在で、呼びかけ人38人の他、197人が賛同人（計235人）となっています。

6月15日放送のテレビ朝日「報道ステーション」では、「憲法判例百選」の執筆者198人へのアンケートの結果を発表しました。アンケートに回答した151名のうち、「憲法違反の疑いはない」は3人でした。同じく朝日新聞が7月11日で発表した「憲法判例百選」の執筆者209人へのアンケートでは、回答した122人のうち、「憲法違反にはあたらない」は2人にすぎませんでした。

7月9日に発表された中日新聞・東京新聞の全国の憲法

研究者等328人へのアンケートでは、回答した204人のうち「合憲」は7人（3％）でした。

NHKが行った全国の憲法研究者・行政法研究者等へのアンケートは、7月23日放送「クローズアップ現代」で、ごく短時間の断片的な公表に限られてしまったわけですが（憲法学者はそのことに抗議し、全体の公表を求めました）、日本公法学会の会員や元会員で大学などに所属する憲法や行政法などの研究者1146人に対して調査し、回答した422人のうち377人が法案は違憲もしくは違憲の疑いがあると回答しています（89・3％）。

このように憲法学者の圧倒的多数は、この法案を、違憲あるいは違憲の疑いを抱いていることが確認されました。

法曹界でも、5月29日に日弁連が総会で「安全保障法制等の法案に反対し、平和と人権及び立憲主義を守るための宣言」を全会一致で決議し、「日本国憲法前文及び第九条が規定する恒久平和主義に反し、戦争をしない平和国家としての日本の国の在り方を根本から変えるものであり、立法により事実上の改憲を行おうとするものであるから、立憲主義にも反している」としています。

裁判官のあいだでも、元最高裁長官の山口繁氏は、「集団的自衛権の行使を認める立法は憲法違反と言わざるを得ない」と発言するとともに、政府・与党が1959年の砂川事件最高裁判決や1972年の政府見解を根拠と説明していることに「論理的な矛盾があり、ナンセンスだ」と批判しました。元最高裁判所判事の濱田邦夫氏は、参院特別委の中央公聴会で、「違憲です。本来は黙っていようと思ったんだけれども、どうにもこれでは日本の社会全体がダメになってしまうということで、立ち上がっているわけです」と発言しています。9月15日には、元裁判官75人が『違憲』意見書を参院議長に提出するなど、「司法界からの政治的発言は日本の歴史ではまれ」「『立憲主義……に忠実であろうとする、やむにやまれぬ発言……』」「約二〇人の地裁所長経験者……『日本の裁判の中核となった人たちの意思表明』」と報じられました。

元内閣法制局長官の発言も続きました。宮崎礼壹法政大法科大学院教授は「政府は『自国を守るための集団的自衛権は合憲』としているが、攻撃を受けていないのに自国防衛と称して武力行使するのは違法な先制攻撃だ」「速やかに撤回すべきだ」と発言しました。阪田雅裕氏も「限定的な集団的自衛権行使が、これまでの憲法解釈と全く整合しないものではない」が、「進んで戦争に参加することで相手に日本攻撃の大義名分を与え、国民を危険にさらす結果しかもたらさない。根拠が示せないなら解釈変更は許されない」と批判しました。

こうした法律の専門家からの多くの批判は、今回の戦争法案の違憲性を明瞭に示しているのです。

## 憲法学から戦争法の違憲性

平和憲法の出発点は、日本国の降伏条件を定めた「ポツダム宣言」（1945年7月26日）を日本が受諾（1945年8月14日）したことでした（日本政府は当初これを「黙殺」したため、8月6日・9日に広島・長崎に原爆投下され、同月8日にはソ連が対日戦線を布告し満州・樺太に侵攻開始しました）。同宣言は、日本国民に対して軍国主義者による統治を続けるのか、理性ある道を歩むのかを決意する時期が到来していること、日本国の戦争遂行能力をなくしてしまうこと、日本国軍隊を完全に武装解除することを求め、日本政府には日本国民による民主主義獲得を強化し基本的人権の尊重を確立すること、戦争のために再軍備するための産業を認めないことなどを求めていました。したがって、日本はポツダム宣言を受諾した以上、軍国主義から民主主義国家にならなければならず、そのためには大日本帝国憲法とは正反対の平和憲法を制定しなければならなかったのです。

ですから、憲法学では、先の侵略戦争の深い反省のうえ、戦争放棄、戦力不保持、交戦権の否定、平和的生存権の保障を謳った平和憲法のもとでは、自衛隊法も日米安保条約も違憲であるという立場が多数説なのです。

これに対し、自民党政権は、米軍の補完部隊として誕生させられた自衛隊（当初は警察予備隊）を「合憲」と「解釈改憲」してきましたが、その「解釈」の論理は、「専守防衛」の枠内で自衛隊を認めるものでした。憲法9条が禁止する「戦力」は持てないが、自国が武力攻撃を受けた場合に行使される個別的自衛権はどのような国家も持っており、それを必要最小限の範囲内で行使する実力（自衛力）は「戦力」ではないから、自衛隊を「合憲」と「解釈」してきました。

しかし、他国を衛るための集団的自衛権＝他衛権の行使は「専守防衛」の枠を超えるので違憲と解釈し、その限りで自衛隊の活動には厳しい制限を課してきたのです。

憲法の解釈には解釈者の価値判断が入り込む余地があります。しかし、〝理論的な枠〟があるから憲法の解釈は、その〝枠〟内でしかできません。これは政治の暴走に歯止めをかける立憲主義からの当然の要請です。憲法第9条が戦争等を放棄し交戦権を否認している以上、日本国憲法は戦争を許容した他国の憲法とは本質的に異なります。日本国が他国から武力攻撃を受けてもいないのに、他衛権（集団的自衛権）の行使を憲法が許容していると「解釈」することは、この平和憲法のもとでは無理なのです。解釈としての〝理論的な枠〟を超えるもので、解釈とは言えませんし、解釈としての〝理論的な枠〟を超えるものを「政府の裁量」として認めることはできないのです。

安倍政権・自民党は、砂川事件最高裁判決を公共にあげました。しかし、砂川事件では、日米安保条約とそれに基づく駐留米軍の合憲性が争点になったので、最高裁判決は、日本国の集団的自衛権とその行使について憲法判断してはいないのです。それどころか、同判決は、憲法9条2項が「いわゆる自衛のための戦力の保持をも禁じたものであるか否かは別として」として、自衛隊が合憲であるかどうかの憲法判断さえ行っていないのですから、同判決を根拠に集団的自衛権行使が「合憲」であると「解釈」することなど、できるはずがないのです。

もともと安倍政権・自民党は、憲法第9条のもとでは集団的自衛権行使がたとえ限定的であっても許されないことをわかっていました。だからこそ、2012年に「日本国憲法改正草案」を策定したのです。「日本国憲法改正草案　Q&A」も、「現在、政府は、集団的自衛権について『保持していても行使できない』という解釈をとっていますが、『行使できない』とすることの根拠は『9条1項・2項の全体』の解釈によるものとされています。このため、その重要な一方の規定である現行2項（『戦力の不保持』等を定めた規定）を削除した上で、新2項で、改めて『前項の規定は、自衛権の発動を妨げるものではない』と規定し、自衛権の行使には、何らの制約もないように規定しました」と解説していたのです（Q8答）。集団的自衛権行使が限定的に許されるのであれば、この解説でその旨説明されていたはずです。

安部首相は、憲法9条の明文改憲が一気に実現できる状況にないので、憲法改正手続きの改正（憲法96条改憲）を先行させてから憲法9条改憲を目指しましたが、それには憲法9条改憲論者からも批判を受けたので、「解釈改憲」に舵を切り、2013年8月8日の閣議で、内閣法制局の山本庸幸長官を退任させ、後任に小松一郎駐仏大使を充てる人事を決定しました。

小松氏は、第1次安倍内閣の懇談会に外務省国際法局長として議論に関わり、集団的自衛権行使容認を主張した「集団的自衛権の憲法解釈見直し派」の人物でした。歴代長官は主に法務、財務、総務、経済産業（名称は現在）の4省出身者が就任し、必ずしも法律の専門家ではないものの、憲法解釈を担当する第1部長から次長、長官という階段を昇ってきましたが、安倍首相はこの従来の慣行を無視して、内閣法制局長官を憲法解釈の素人に交代させたのです。

2015年6月5日の衆議院平和安全法制特別委員会で、中谷元・防衛大臣は、与党協議において「憲法をいかに法案に適合させていけばいいのかという議論を踏まえて閣議決定した」と国会で答弁しましたが、この答弁は、憲法の解釈に違反しないよう戦争法案を作成したのではなく、すでに作成した戦争法案に適合するように憲法を「解釈」したことを正直に告白したものです。また、礒崎陽輔首相補佐官は、7月26日の講演で、集団的自衛権行使における政府の「合憲」解釈につき、「法的安定性は関係ない」と、これまた正直に発言しました。

さらに、自民党の武藤貴也衆議院議員は、国会前などで安全保障関連法案反対のデモ活動を行う学生団体「SEALDs（シールズ）」について7月30日のツイッターで、「SEALDsという学生集団が自由と民主主義のために行動すると言って、国会前でマイクを持ち演説をしてるが、彼ら彼女らの主張は『だって戦争に行きたくないじゃん』という自分中心、極端な利己的考えに基づく。利己的個人主義がここまで蔓延したのは戦後教育のせいだろうと思うが、非常に残念だ。」(@takaya_mutou Jul 30) と発言しました。これについて武藤議員が所属していた自民党麻生派の麻生太郎会長・副総理は、「自分の気持ちが言いたいなら安保関連法案が通ってからにしてくれ」と馬鹿正直な「注意」をしましたが、麻生副総理は、2年前の2013年7月19日、都内で開かれた会合で「ナチス政権下のドイツでは、憲法は、ある日気づいたら、ワイマール憲法が変わってナチス憲法に変わっていたんですよ。誰も気づかないで変わった。あの手口、学んだらどうかね」と発言しています。つまり、安倍内閣も、自民党など与党も、「安保関連法案が違憲だ」と認識していたのです。

アメリカが日米安保条約の明記する集団的自衛権(他衛権)の行使を日本に要求すれば、その行使は義務になります。同条約の枠を超える場合においても、政治的には義務になることでしょう。日本はこれまで、アメリカの戦争を批判し、反対したことはなく、むしろアメリカの戦争を支援してきましたし、この度の安倍政権の閣議決定と安保関連法の整備は、アメリカの要求に基づくものだからです。

野党が安保関連法案を「戦争法案」と命名していることを安倍政権・自民党は批判し否定し続けましたが、それは集団的自衛権行使がアメリカなどの条約締結国との間で義務(条約に基づかない部分は政治的義務)になることを隠したうえで、安保関連法案の成立が戦争抑止になると強弁しているからだけではありません。

この根底には「戦争をしていても戦争していない」と強弁する意図があるからで、「日本国憲法改正草案　Q&A」は「九条一項で禁止されるのは『戦争』及び侵略目的による武力行使……のみであり、自衛権の行使……や国際機関による制裁措置……は、禁止されていないものと考えます」と解説しています(Q7の答)。

この解説によると国防軍の「個別的自衛権」行使による自衛戦争も国防軍の「集団的自衛権」行使によるアメリカの戦争への参戦(他衛戦争)も「武力の行使であり戦争ではない」と説明されることになります。多国籍軍の制裁戦争への参戦も同様です。

## すすむ「戦争する国」づくり

第2次安倍政権のもとでは、戦争法の強行採決にとどまらず、「戦争する国」づくりが飛躍的にすすんでいます。国家安全保障会議の設置に、国家安全保障戦略の策定、機密保護法の制定、軍事費も拡大しています。

今度の国会でも防衛省設置法改正が強行されました。これは、いわゆる「文官統制」といわれた背広組の官房長や局長が「防衛大臣を補佐する」という規定が削除され、統合幕僚長、陸海空各幕僚長が官房長や局長と対等に防衛大臣を補佐することとされました。

また、この改正と合わせて自衛隊の運用についても背広組が担ってきた「運用企画局」を廃止して、制服組主体の組織である「統合幕僚監部」に部隊運用業務を統合することとなりました。戦争法が、現場の判断での武器使用=武力行使を広範に認めていることと合わせ、制服組の暴走が危惧されます。

さらに、防衛整備庁が新たに設置されました。防衛装備庁は、防衛生産・技術基盤の維持・強化のために武器の調達を合理化するため武器の開発・生産・購入といった権限を一元化して、兵器産業の育成・強化をも進めるものです。後述する「防衛装備移転三原則」に基づく武器輸出を積極的に推進する役割も担っています。

## 一貫したアメリカの要求

このような動きの目的は、日米安保条約における従来の地理的な限定を取り払って、地球規模で軍事的に協力する、日本がアメリカとの関係で集団的自衛権を行使する範囲を地球規模にまで拡大することです。戦争大国アメリカの戦争を軍事的に支援できるのは、戦力を保持していて、それを投入できる国家しかありません。日本がそのアメリカの要請に応じてアメリカの戦争に参戦することを認めるということは、自衛隊が「自衛力」から「戦力」、つまり軍隊になることを意味しているのです。

日本は1992年のPKO協力法の制定から、自衛隊の海外派兵を行うようになり、アメリカとは96年の「日米安保共同宣言」で「地球規模の問題についての日米協力」を謳い、97年の新ガイドライン（新日米防衛協力指針）では、日本周辺領域で放置すれば日本の平和や安全に重大な影響を及ぼす事態である「日本周辺事態」は地理的概念ではないとして「日本周辺事態」での共同について合意しています。

この日米安保のグローバル（地球規模）化の合意を実行するために99年に周辺事態法が制定されたわけですが、当時の政権は地球の裏側を「周辺事態」に含めるとは答弁しませんでした。

そこで、アメリカは、さらに「日本が集団的自衛権を禁止していることが、同盟関係の足かせになっている。集団的自衛権を行使できるようにすれば、より緊密で効果的な安全保障協力ができる」〈アーミテージレポート・米国防大学国家戦略研究所〈ＩＮＳＳ〉特別報告「合衆国と日本――成熟したパートナーシップに向けて」２０００年10月11日〉と、集団的自衛権の行使にむけ、日本政府の解釈の見直し、あるいは９条改憲を何度も強く要求してきました。それを受けて２０００年代に日本は、テロ特措法やイラク特措法を制定し、自衛隊の海外での活動を飛躍的に広げ、アメリカの要求に応えてきました。しかしそれでも、集団的自衛権の行使を禁じた憲法（とその政府の解釈）が、その活動の大きな制約となっていたのです。

そしてその制約を取り払うために、９条の明文改憲を主張してきます。アーミテージ氏は、「憲法９条が（日米同盟や国際社会の安定のために軍事力を用いる点で）邪魔になっている」「連合軍の共同作戦をとる段階で、ひっかからざるを得ない」と「偽らざる所懐」を述べています（リチャード・アーミテージ「緊急発言・憲法９条は日米同盟の邪魔物だ」『文藝春秋』２００４年３月号１２８頁［１３１～１３２頁］）。

９条の明文改憲が実現できない中、２０１２年の第３次アーミテージレポート「日米同盟―アジアの安定をつなぎ止める―」（８月15日）は、「新しい役割と任務に鑑み、日本は自国の防衛と、米国と共同で行う地域の防衛を含め、自身に課せられた責任に対する範囲を拡大すべきである。同盟には、より強固で、均等に配分された、相互運用性のある情報・監視・偵察（ＩＳＲ）能力と活動が、日本の領域を超えて必要となる。平時（peacetime）、緊張（tension）、危機（crisis）、戦時（war）といった安全保障上の段階を通じて、米軍と自衛隊の全面的な協力を認めることは、日本の責任ある権限の一部である」と、日本に対して米軍とのグローバルな共同の軍事活動を強く要求してきました。

自民党と公明党は同年12月に総選挙で政権に復帰しました。安倍政権は、明文改憲を断念し、2014年7月1日に集団的自衛権行使について「解釈改憲」を強行します。

2015年4月27日、日米両政府は、米ニューヨークで外務・防衛担当閣僚会合（2プラス2）を開き、「日米防衛協力のための指針」（ガイドライン）について、18年ぶりの改定に合意しました。この改定は文字通り安保法制の先取りというもので、①「アジア・太平洋地域及びこれを越えた地域」と文字通り、グローバルな規模で、②「平時から緊急事態までのいかなる状況においても」「切れ目のない」共同軍事行動を展開することを約束し、③そのため「日米両政府は、新たな、平時から利用可能な同盟調整メカニズムを設置し、運用面の調整を強化し、共同計画の策定を強化する」としていたのです。

より具体的には、日本の集団的自衛権行使を盛り込み（他衛権行使の違憲の解禁）、米軍への後方支援の地理的制限もなくし（「後方地域支援」から「後方支援」へ）、自衛隊の米軍への切れ目のない軍事協力をグローバル（地球規模）に拡大するもので、「平時からの協力措置」でも日本（自衛隊）は「後方支援」するというものでした。

その中心点は次のような内容です。

「自衛隊は、日本と密接な関係にある他国に対する武力攻撃が発生し、これにより日本の存立が脅かされ、国民の生命、自由及び幸福追求の権利が根底から覆される明白な危険がある事態に対処し、日本の存立を全うし、日本国民を守るため、武力の行使を伴う適切な作戦を実施する。」

「作戦上おのおのの後方支援能力の補完が必要となる場合、自衛隊及び米軍はおのおのの能力及び利用可能性に基づき、柔軟かつ適時に後方支援を相互に行う。

日米両政府は支援を行うため、中央政府及び地方公共団体の機関が有する権限及び能力並びに民間が有する能力を適切に活用する。」

そして、前述したように、今年5月、自公与党は安否関連法案に合意し、安倍政権は同方案を国会に提出したのです。

## 後方地域支援から後方支援へ、ＰＫＯでは「駆けつけ警護」も

安倍政権は、従来の「後方地域（非戦闘地域）支援」を「後方支援」に変更し、安保関連法案ではそれを法的に具体化していました。

従来の「後方地域支援」も「後方支援」も、いわゆる兵站ですので、国際的には、軍事行動であり、憲法9条が禁止している「武力の行使」です。しかし、自民党政権は、「武力の行使との一体化」しなければ、違憲ではないと非常識な弁明を繰り返したうえで、「後方地域支援」から「後方支援」へと転換しました。この点についてまとめている２０１４年閣議決定を紹介しておきましょう。

「政府としては、いわゆる『武力の行使との一体化』論それ自体は前提とした上で、その議論の積

| アメリカの日本への要求(日米合意を含む) | 日本の対応 |
|---|---|
| 「**日米安保共同宣言**」により「**地球規模の問題についての日米の協力**」を宣言(1996年4月17日)<br>• **新ガイドライン(新日米防衛協力指針)**では、日本が直接攻撃を受けていなくても「**日本周辺における日本の平和と安全に重要な影響を与える事態**」である「**日本周辺事態**」を「**地理的概念ではない**」と合意。日米安保はグローバル化(1997年9月23日)。 | アメリカの戦争を支援するための**周辺事態法など新ガイドライン関連法**(1999年5月):「対応措置」(後方地域支援、後方地域捜索救助活動、船舶検査活動など)…ただし、1999年の周辺事態法では「日本周辺事態」には地球の裏側を含むとは答弁しなかった。 |
| **第1次アーミテージレポート**「米国防大学国家戦略研究所(ＩＮＳＳ)特別報告[合衆国と日本 ― 成熟したパートナーシップに向けて」(2000年10月11日)には、「**有**事法の制定も含めて、新日米防衛協力指針の着実な実施」ということが安全保障における日本への要求として明記。<br>・「私は2000年に『アーミテージ・リポート』という21世紀の日本の安全保障のあり方を記した報告書を発表しました。最近もそれに関する記事を書いており、そこで憲法9条が(日米同盟や国際社会の安定のために軍事力を用いる点で)邪魔になっている事実を挙げました。連合軍の共同作戦をとる段階で、ひっかからざるを得ないということです。それが偽らざる所懐です。」(リチャード・アーミテージ「緊急発言・憲法9条は日米同盟の邪魔物だ」『文藝春秋』2004年3月号128頁[131－132頁]。) | ・「同時多発テロ」を受けたアメリカのアフガニスタンへの国際法違反の「報復戦争」を支援するテロ対策特別措置法(2001年10月):「対応措置」(協力支援活動、捜索救助活動、被災民救助活動など)<br>・アメリカの国際法違反の先制攻撃に基づく軍事占領を支援するための「イラク復興支援」特別措置法の制定(2003年7月26日)<br>• **有事立法第1弾**(2003年6月6日成立):武力攻撃事態対処法、自衛隊法「改正」、安全保障会議設置法「改正」<br>• **有事立法第2弾**(2004年6月14日成立):「国民保護法案」、「外国軍用品等海上輸送規制法案」、「米軍行動円滑化法案」、「自衛隊法改正案」、「交通・通信利用法案」、「捕虜等取り扱い法案」、「国際人道法違反処罰法案」<br>・2007年年10月、「テロ対策海上阻止活動に対する補給支援活動の実施に関する特別措置法案」(いわゆる**補給支援法**)を提出し、2008年1月、与党が「3分の2」以上の議席を占めている衆議院で同法案を再可決し成立を強行。 |
|  | • **自民党「新憲法草案」(2005年)** |
| **第2次アーミテージレポート「米日同盟　2020年に向けアジアを正しく方向付ける」(2007年2月16日)**:「憲法について現在日本でおこなわれている議論は、地域および地球規模の安全保障問題への日本の関心の増大を反映するものであり、心強い動きである。この議論は、われわれの統合された能力を制限する、同盟協力にたいする現存の制約を認識している。…、米国は、われわれの共有する安全保障利益が影響を受けるかもしれない分野でより大きな自由をもった同盟パートナーを歓迎するだろう。」 |  |
| **第3次アーミテージレポート「日米同盟－アジアの安定をつなぎ止める－」**(2012年8月15日): | • **自民党「日本国憲法改正草案」(2012年)** |
| • **新ガイドライン(新日米防衛協力指針)**(2015年4月27日) | • **安保関連法＝戦争法制定(2015年9月)** |

み重ねを踏まえつつ、これまでの自衛隊の活動の実経験、国際連合の集団安全保障措置の実態等を勘案して、従来の「後方地域」あるいはいわゆる『非戦闘地域』といった自衛隊が活動する範囲をおよそ一体化の問題が生じない地域に一律に区切る枠組みではなく、他国が『現に戦闘行為を行っている現場』ではない場所で実施する補給、輸送などの我が国の支援活動については、当該他国の『武力の行使と一体化』するものではないという認識を基本とした以下の考え方に立って、我が国の安全の確保や国際社会の平和と安定のために活動する他国軍隊に対して、必要な支援活動を実施できるようにするための法整備を進めることとする。

（ア）我が国の支援対象となる他国軍隊が「現に戦闘行為を行っている現場」では、支援活動は実施しない。

（イ）仮に、状況変化により、我が国が支援活動を実施している場所が「現に戦闘行為を行っている現場」となる場合には、直ちにそこで実施している支援活動を休止又は中断する。」

このうち、「後方地域支援」から「後方支援」への転換について説明しておきましょう。たとえば、イラク復興支援特別措置法（イラクにおける人道復興支援活動及び安全確保支援活動の実施に関する特別措置法）は、「対応措置については、我が国領域及び現に戦闘行為（国際的な武力紛争の一環として行われる人を殺傷し又は物を破壊する行為をいう。…）が行われておらず、**かつ、そこで実施される活動の期間を通じて戦闘行為が行われることがないと認められる**次に掲げる**地域**において実施するものとする」と定め、「後方地域支援」を規定していました（第2条第3項）が、「国際平和支援法」（国際社会の平和と安全などの目的を掲げて戦争している他国軍を、自衛隊が後方支援できる「恒久法」）では、下線・ゴシック部分を削除し、戦闘行為が行われていない地域であればどこでも「後方支援」できることになるのです。そのため、「国際平和支援法」は、「協力支援活動及び捜索救援活動は、現に戦闘行為が行われている現場では実施しないものとする。」と定めています（第2条第3項）。

こうして自衛隊は、「現に戦闘行為が行われている現場」以外であればどこの地域でも後方支援できることになったので、主権者国民の代表機関である国会よりも、派兵される自衛隊の判断が優先されることになるでしょう。「現に戦闘行為が行われている現場」かどうかの判断は、ますます、派兵されている自衛隊が行うことになるからです。言い換えれば、いわゆる文民統制（シビリアンコントロール）はますます形骸化することになります。

また、周辺事態法（1999年制定）は「重要影響事態法」に変わり、「日本周辺」という事実上の地理的制限をなくし、「日本の平和と安全の確保」を目的に、世界中に自衛隊を派

| 周辺事態に際して我が国の平和及び安全を確保するための措置に関する法律 | 重要影響事態法（重要影響事態に際して我が国の平和及び安全を確保するための措置に関する法律）案 |
|---|---|
| （目的）第1条　この法律は、そのまま放置すれば我が国に対する直接の武力攻撃に至るおそれのある事態等**我が国周辺の地域における**我が国の平和及び安全に重要な影響を与える事態（以下「**周辺事態**」という。）に対応して我が国が実施する措置、その実施の手続その他の必要な事項を定め、日本国とアメリカ合衆国との間の相互協力及び安全保障条約（以下「日米安保条約」という。）の効果的な運用に寄与し、我が国の平和及び安全の確保に資することを目的とする。 | （目的）第1条　この法律は、そのまま放置すれば我が国に対する直接の武力攻撃に至るおそれのある事態等我が国の平和及び安全に重要な影響を与える事態（以下「**重要影響事態**」という。）に際し、**合衆国軍隊等に対する後方支援活動等を行う**ことにより、日本国とアメリカ合衆国との間の相互協力及び安全保障条約（以下「日米安保条約」という。）の効果的な運用に寄与することを中核とする**重要影響事態に対処する外国との連携を強化**し、我が国の平和及び安全の確保に資することを目的とする。 |

遣できるようにし、後方支援の対象は、米軍以外の外国軍にも拡大しています。

## 軍事的支援活動の拡大

また「後方支援」では、武器と弾薬の非常識な区別もなされたうえで、従来禁止され、できなかった支援が解禁されることになりました。

従来の「後方地域支援」では「武器」や「弾薬」の「輸送」も「提供」も禁止され、できませんでしたが、これに対し、今回の「後方支援」では、「武器」の「提供」は禁止されたままですが、「弾薬」の「提供」は解禁され、かつ、「武器」や「弾薬」の「輸送」は解禁されました。

そして、政府は「弾薬」について「一般的に武器とともに用いられる火薬類を使用した消耗品」と定義し、中谷元・防衛大臣は、戦闘中の他国軍に対する支援で行う「弾薬の輸送」について「ミサイルや手りゅう弾、クラスター（集束）弾、劣化ウラン弾」も「弾薬」にあたり、その「輸送」を「法律上排除しない」」、「核兵器の運搬」も「化学兵器の輸送」も「法文上は排除していない」し、「核兵器を搭載した戦闘機への給油」も「法律上は可能」と説明したのです。

国連平和維持活動（ＰＫＯ）協力法（1992年制定）改正では、ＰＫＯの「参加5原則」の一部を緩和し、ＰＫＯで実施できる業務は「駆けつけ警護」などへ拡大されました。

## 「武力の行使」なのに「武器の使用」と説明

従来の「自衛隊員の生命を防護のために必要な最小限のものに限る」という枠を超え任務の妨害を

排除するための武器使用も認めました。2014年7月の閣議決定における「国際的な平和協力活動に伴う武器使用」は、以下のようなものでした。

「我が国として、『国家又は国家に準ずる組織』が敵対するものとして登場しないことを確保した上で、国際連合平和維持活動などの『武力の行使』を伴わない国際的な平和協力活動におけるいわゆる『駆け付け警護』に伴う武器使用及び『任務遂行のための武器使用』のほか、領域国の同意に基づく邦人救出などの『武力の行使』を伴わない警察的な活動ができるよう、……法整備を進めることとする。」

自衛隊が海外で「武器の使用」を行えば、それが自己の生命を守るためでも「武力の行使」になるでしょうが、前述の支援・任務を遂行するためであれば「武力の行使」になることは、あまりにも明らかです。にもかかわらず、安倍政権は、「武器の使用」であると国際的には通用しない弁明を繰り返してきました。

## 合衆国軍隊等の部隊の武器等の防護のための武器の使用

さらに、改正自衛隊法では、「合衆国軍隊等の部隊の武器等の防護」のためにも自衛隊の「武器の使用」＝「武力の行使」を認めました。

すなわち、「自衛官は、アメリカ合衆国の軍隊その他の外国の軍隊その他これに類する組織の部隊であって自衛隊と連携して我が国の防衛に資する活動（共同訓練を含み、現に戦闘行為が行われている現場で行われるものを除く。）に現に従事しているものの武器等を職務上警護するに当たり、人又は武器等を防護するため必要であると認める相当の理由がある場合には、その事態に応じ合理的に必要と判断される限度で武器を使用することができる」と定めたのです（第95条の2）。

これによると、平時から自衛隊が米軍の艦船などを守る「武器等防護」が可能になり、武力行使が許容されてしまうのです。

安全保障関連法案をめぐる国会審議で、野党は、武力行使の新3要件や国会承認といった手続きを経ずに、自衛隊が米艦を守るための武器使用ができるようになるため「集団的自衛権の裏口入学だ」と批判していました（「〈安全保障法制〉『武器等防護』野党が批判　外国軍も対象『集団的自衛権の抜け道』」朝日新聞2015年9月1日5時）。

## 改定ガイドラインの具体化

戦争法がアメリカの要求であり、改定されたガイドラインの国内法整備であることをまざまざと示したのが、8月11日の参議院特別委員会で、共産党の小池晃議員が暴露した自衛隊統合幕僚監部の内部文書「日米防衛協力指針（ガイドライン）および安全保障関連法案を受けた今後の方向性」と題した資料でした。

この文書を作成した統合幕僚監部は自衛隊を統合運用する組織です。この文書によると、今後はこの統幕が主管となって「日米共同計画」という軍事作戦計画を「計画策定」するものとされています。このような軍事作戦の策定・運用にあたる組織が、合憲性に深刻な疑義がもたれている法案について、その成立を何らの留保なしに予定して検討課題を示すことは、憲法政治上重大な問題です。また、そこでは法案にない事柄は国会に諮ることなく実施されることが当然とされており、まさにガイドラインが日本の防衛当局にとっての最上位規範であることを露骨に示すものです。

ガイドラインは、政府がアメリカと結んだ政策文書であって、国会の審議や合意を経たものではありません。この文書には本来国内法上の根拠を必要とするはずの自衛隊の運用課題も、ガイドラインのみを前提に示されています。これらは重大な国会軽視であり、独走です。

この文書は、ガイドラインにも記されていないＡＣＭ（同盟調整メカニズム）内の「軍軍間の調整所」設置、法案に特定されていない地域をあげて南スーダンＰＫＯへの「駆付け警護」等の業務の追加、南シナ海における警戒監視などへの関与といった検討課題を記しています。駆付け警護における武器使用基準の緩和、平時からのアセット防護、そして在外邦人の救出など、武力行使に直結する内容のものが検討課題として列記されていることも見逃すことができない点です。

しかも、自衛隊制服組トップの河野克俊統合幕僚長が２０１４年12月17日、18日に訪米した際の米軍幹部・オディエルノ米陸軍参謀総長との会談内容を記したとされる資料を、これもまた共産党の仁比聡平議員が暴露しました。河野統合幕僚長が安保法整備につき「与党の勝利により、来年夏までには終了すると考えている」と発言していたのです。

こうした暴走は、なにも自衛隊幹部にとどまりません。安倍首相もアメリカに要請され、4月の訪米の際に、戦争法案の成立を約束しています。その約束を実行して自衛隊をアメリカの戦争に投入するために、戦争に反対する主権者国民の意思と声を無視し踏みにじり、戦争法案を成立させたのです。こうして安倍政権は、まるでアメリカの傀儡政権かと思うほど対米従属をより深めることとなりました。

アメリカ国務省のトナー副報道官は、日本の安保関連法の成立を受け、「アメリカ政府は、東アジアや世界の安全確保における日本政府の役割の拡大を歓迎する」と語っています。

## 強行採決の議事録の改ざん

アメリカなどの戦争に自衛隊参戦を目論んでいる与党議員らは、そもそも憲法違反であり、国民が支持していないことがわかっていたからこそ国会で審議することを恐れ、地方公聴会での各意見の詳細を確認することもなく採決を強行したのでしょう。

9月17日の参議院特別委は、委員長不信任動議が否決されて鴻池祥肇委員長が委員長席に着席し、民主党の福山哲郎理事が話しかけたところ、自民党議員らが委員長の周囲を取り囲んだため野党議員も駆け付け、混乱状態になり委員長による質疑終局と採決の宣告は全く聞こえず、自民党理事の合図で与党議員らが起立を繰り返し、野党議員も国民も何を採決しているのかまったく分からない状況でした。翌18日に正式な議事録の前に未定稿が各議員に示されました。そこでは、鴻池委員長の発言は「……（発言する者多く、議場騒然、聴取不能）」となっていました。

ところが、議事録でさえも何が採決されたのか確認できないものを、当時、「可決」したとして本会議で報告されました。しかし、各院には自立権があるとはいえ議事録で確認できなければ無効です。私たちは与党が異常な議会運営で強行したということを忘れてはなりません。

そのうえ、歴史の改ざんがその後に強行されました。安全保障関連法を採決した9月17日の参議

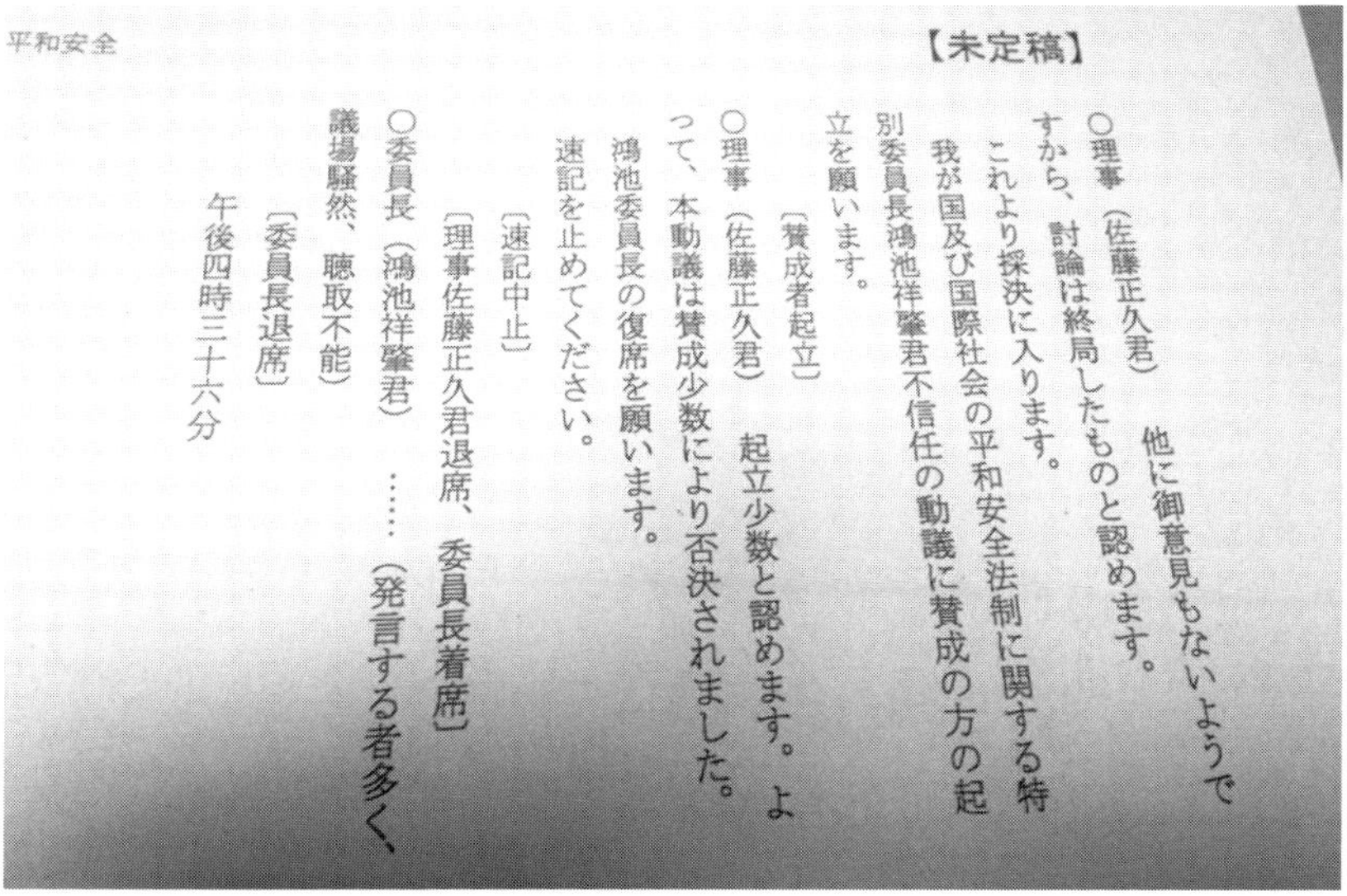
【未定稿】

○理事（佐藤正久君）　他に御意見もないようですから、討論は終局したものと認めます。

これより採決に入ります。

我が国及び国際社会の平和安全法制に関する特別委員長鴻池祥肇君不信任の動議に賛成の方の起立を願います。

〔賛成者起立〕

○理事（佐藤正久君）　起立少数と認めます。よって、本動議は賛成少数により否決されました。

鴻池委員長の復席を願います。

速記を止めてください。

〔速記中止〕

〔理事佐藤正久君退席、委員長着席〕

○委員長（鴻池祥肇君）　……（発言する者多く、議場騒然、聴取不能）

〔委員長退席〕

午後四時三十六分

平和安全

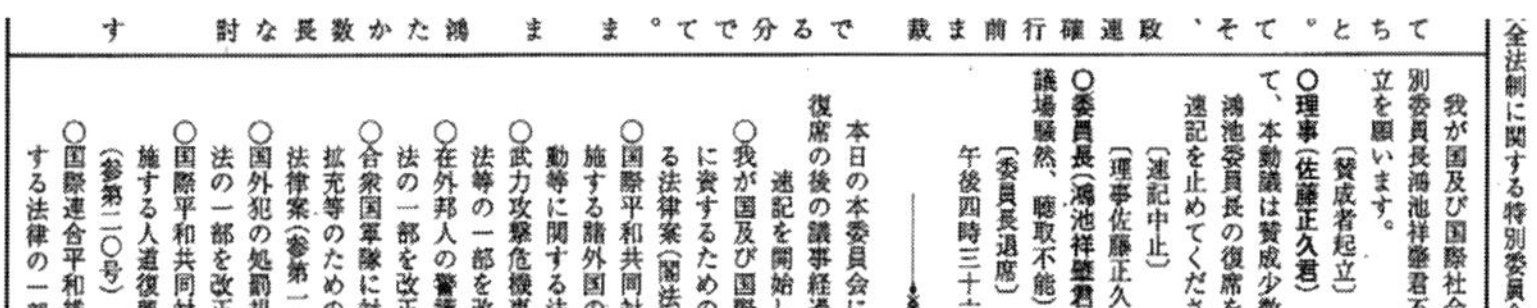
全法制に関する特別委員会会議録第二十一号（その一）　平成二十七年九月十七日　【参議院】

我が国及び国際社会の平和安全法制に関する特別委員長鴻池祥肇君不信任の動議に賛成の方の起立を願います。

〔賛成者起立〕

○理事（佐藤正久君）　起立少数と認めます。よって、本動議は賛成少数により否決されました。

鴻池委員長の復席を願います。

速記を止めてください。

〔速記中止〕

〔理事佐藤正久君退席、委員長着席〕

○委員長（鴻池祥肇君）　……（発言する者多く、議場騒然、聴取不能）

〔委員長退席〕

午後四時三十六分

本日の本委員会における委員長（鴻池祥肇君）復席の後の議事経過は、次のとおりである。

速記を開始し、

○我が国及び国際社会の平和及び安全の確保に資するための自衛隊法等の一部を改正する法律案（閣法第七二号）

○国際平和共同対処事態に際して我が国が実施する諸外国の軍隊等に対する協力支援活動等に関する法律案（閣法第七三号）

○武力攻撃危機事態に対処するための自衛隊法等の一部を改正する法律案（参第一六号）

○在外邦人の警護等を実施するための自衛隊法の一部を改正する法律案（参第一七号）

○合衆国軍隊に対する物品又は役務の提供の拡充等のための自衛隊法の一部を改正する法律案（参第一八号）

○国外犯の処罰規定を整備するための自衛隊法の一部を改正する法律案（参第一九号）

○国際平和共同対処事態に際して我が国が実施する人道復興支援活動等に関する法律案（参第二〇号）

○国際連合平和維持活動等に対する協力に関する法律の一部を改正する法律案（参第二三号）

○周辺事態に際して我が国の平和及び安全を確保するための措置に関する法律及び周辺事態に際して実施する船舶検査活動に関する法律の一部を改正する法律案（参第二四号）

右九案を議題とし、

○我が国及び国際社会の平和及び安全の確保に資するための自衛隊法等の一部を改正する法律案（閣法第七二号）

○国際平和共同対処事態に際して我が国が実施する諸外国の軍隊等に対する協力支援活動等に関する法律案（閣法第七三号）

右両案の質疑を終局した後、いずれも可決すべきものと決定した。

なお、両案について附帯決議を行った。

〔参照〕

横浜地方公聴会速記録

〔本号（その二）に掲載〕

九月十六日本委員会に左の案件が付託された。

一、集団的自衛権行使容認の閣議決定を撤回し、立法措置を行わないことに関する請願（第三四七二号）

一、集団的自衛権を容認した閣議決定を撤回し、これに基づく全ての立法や政策に反対することに関する請願（第三四七三号）

一、日本を海外で戦争する国にする戦争立法反対に関する請願（第三四七四号）

一、日本を海外で戦争する国にする戦争法案反対に関する請願（第三四七五号）（第三四七六号）

一、集団的自衛権行使容認の閣議決定を撤回し、戦争立法を行わないことに関する請願（第三四七七号）

一、安保関連法案（戦争法案）の速やかな廃案に

参議院特別委員会の未定稿議事録では「聴取不能」（上の写真）となっていたが、参議院のホームページは「可決すべきものと決定した」（下の写真）と歴史改ざんが行われた。（写真上は小池晃参議院議員のツイッターから）

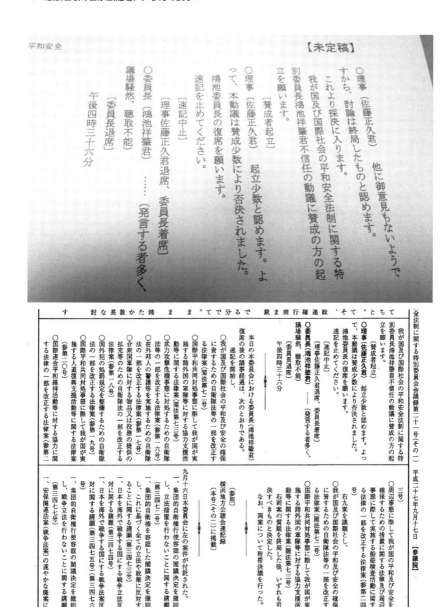

院特別委員会の議事録が、10月11日に参議院のホームページで公開されました。その議事録は「聴取不能」までは未定稿と同じ内容でしたが、「委員長復席の後の議事経過は、次のとおりである」との説明を追加し、審議再開を意味する「速記を開始」して安保法制を議題とし、「質疑を終局した後、いずれも可決すべきものと決定した。なお、(安保法制について)付帯決議を行った」とも明記されています。

参議院事務局は、追加部分を「委員長が認定した」と説明しているようですが、これは、議事録の改ざんであり、歴史の改ざんでもあります。恐ろしいことです。

改めて書きます。採決は客観的に確認できなかったのですから、採決は存在せず無効です。

## 2　生活破壊と財界政治の推進

### 戦争法は国民全体を巻き込む

安倍政権のもとで、生活破壊もすすんでいます。保守政権による財界政治は、憲法破壊の政治です。

まず、今回強行成立された戦争法は、他衛戦のために自衛官だけが動員されると考えている方がおられるかもしれませんが、そうではありません。戦争は自衛官だけでは行えません。国家・地方公務員のほか、指定公共機関の従業員も、条文の読み方次第では、それぞれの仕事で動員される恐れがあるのです。自衛戦争だけではなく、他衛戦争にも動員される「指定公共機関」とは、「独立行政法人、日本銀行、日本赤十字社、日本放送協会その他の公共的機関及び電気、ガス、輸送、通信その他の公益的事業を営む法人で、政令で定めるもの」です。その労働者が動員されかねないのです。

また、戦争法のもとでは、大軍拡がすすめられることは必至です。社会保障や教育予算への攻撃がますます強まります。このように、戦争に国民全体をまきこんでいくでしょう。

財界政治という点で私はその背後には企業献金による買収政治の構図があると、くり返し指摘してきました。もともと「戦争する国づくり」や9条改憲、集団的自衛権の行使容認は、財界の要求でもありました。経済同友会は1994年に改憲提言を出し、1999年には集団的自衛権行使について「政府の憲法解釈の早期見直し」を求めていました（「緊急提言　早急に取り組むべき我が国の安全保障上の4つの課題」)。日本経団連も2005年には「集団的自衛権に関しては、わが国の国益や国際平和の安定のために行使できる旨を、憲法上明らかにすべきである」と要求していました(「わが国の日本問題を考える――これからの日本を展望して」)。

こうした財界の要求にも応えて、「戦争する国づくり」への取り組みが進むなか行われたのが「武器輸出三原則」の緩和ですが、そこには「死の商人」と癒着した醜悪な財界政治の姿が露見しました。

安倍首相は、政権復帰後、頻繁に外遊を行い、企業の幹部を同行させていますが、たとえば安倍首相が2013年4月から14年1月にかけてロシア、中東、アフリカなどに15回の外遊を行ったとき、のべ32の企業が同行していましたが、複数回参加している企業が多く、同行した企業の実数は13社でした。そのうち「死の商人」である軍需企業11社が、12年に自民党の政治資金団体「国民政治協会」に対し合計約1億円の献金をしていたことが、「しんぶん赤旗」の調べで判明しています。

12年の政治資金収支報告書によると、「国民政治協会」に献金していたのは、日立製作所と東芝が各1400万円、いすゞ自動車が1310万円、三菱重工が1000万円など、計11社で合計9970万円にのぼりました。また、サウジアラビアやアラブ首長国連邦などに同行したJX日鉱日石エネルギーとコスモ石油は、企業としては献金していませんが、両社が会長、副会長と役員会社となっている石油連盟(14社)は5000万円を「国民政治協会」に献金していました(「首相の海外セールス同行　軍需11社 自民に1億円献金」しんぶん赤旗14年4月5日)。

もっとも、共産党の井上哲士議員が防衛省の中央調達契約企業に着目し、その政治献金を調べたところ、自民党の野党時代の11年も12年も、当該中央調達契約額の上位10社のうち9社(JX日鉱日石エネルギー除く）から自民党の「国民政治協会」への政治献金額は、いずれも合計8110万円でした。

しかし政権に復帰し、参議院通常選挙が行われた13年には1億5070万円とほぼ2倍に増えていました（「軍需9社の献金倍増　自民の政権復帰後　1億5070万円」しんぶん赤旗15年6月3日）。

このうち東芝は不正経理（粉飾）をしていたことが発覚し、7月21日、歴代3社長に加え副社長4人を含む合計9人が引責辞任すると発表しています。当初、自主調査分で利益水増し額を44億円と説明していましたが、第三者委員会の調査報告書では08年4月から14年12月まで約7年間で、自主調査分と合わせ1562億円でした。（8月18日には2130億円と公表）。その東芝は11年から13年までの3年間だけでも計5650万円の

| 防衛調達の上位10社（2013年度） | 自民党（国民政治協会）への献金額 | | |
|---|---|---|---|
| | 2011年 | 2012年 | 2013年 |
| 三菱重工 | 1000万円 | 1000万円 | 3000万円 |
| 三菱電気 | 910万円 | 910万円 | 1820万円 |
| 川崎重工業 | 250万円 | 250万円 | 250万円 |
| 日本電気 | 700万円 | 700万円 | 1500万円 |
| ＩＨＩ | 800万円 | 800万円 | 1000万円 |
| 富士通 | 1000万円 | 1000万円 | 1000万円 |
| 小松製作所 | 650万円 | 650万円 | 800万円 |
| 東芝 | 1400万円 | 1400万円 | 2850万円 |
| ＪＸ日鉱日石エネルギー | 加盟している石油連盟が献金 | | |
| 日立製作所 | 1400万円 | 1400万円 | 2850万円 |
| 合計 | 8110万円 | 8100万円 | 1億5070万円 |

※防衛省提出資料と政治資金収支報告書から井上事務所調べ

政治献金をしていたのです（表を参照）。

そして14年3月30日に成立した14年度予算では、13年度に比べて1310億円増の4兆8848億円（2・8％増）もの軍事費が盛り込まれました。

## 14年4月「武器輸出三原則」撤廃と軍需企業の武器輸出

ところで、日本政府の「武器輸出三原則」は憲法9条に基づき1967年に佐藤栄作首相が答弁で表明し、76年2月に三木武夫首相が衆議院予算委員会における答弁で「武器輸出に関する政府統一見解」として表明したもので、それ以降、日本政府は、例外を個別に認めてきたものの、武器輸出を原則禁止してきました。

ところが、第2次安倍政権は14年4月1日に「武器輸出三原則」を撤廃し、「防衛装備移転三原則」へと改悪し、一定の条件下で武器や関連技術の輸出を包括的に解禁する閣議決定を強行しました。

この新しい三原則のもとでは、武器輸出のあり方を安全保障環境の変化に合わせる必要があるとして、①紛争当事国や国連決議に違反する場合は輸出しない、②輸出を認める場合を限定し、厳格審査する、③輸出は目的外使用や第三国移転について適正管理が確保される場合に限るなどと規定しただけでした。

このように政府方針が武器輸出の積極策へと転換したことは、三菱重工業、川崎重工業、日立製作所、東芝、富士通、NECなど「死の商人」13社が同年6月16日から20日までパリで開かれる世界最大規模のセキュリティー・ディフェンスの国際展示会「ユーロサトリ」（2年に一度開かれる世界最大規模の見本市）に武器の展示を計画していたことを後押しするものでした。従来の武器輸出三原則による禁輸政策の下では、国際展示会への武器の出品も控えてきましたが、政府が武器輸出を原則認めたことで、これまで輸出が認められていなかった製品なども出品し、世界展開への足がかりにしていくことがやりやすくなったのです。

たとえば、三菱重工業は、開発中の装輪装甲車の模型を初披露し、戦車用エンジンもパネルで展示し、川崎重工や日立は、陸上自衛隊で使用されている車両や地雷探知機などを出品し、東芝やNECは民間向けに開発した気象レーダーや無線機などをパネルや模型などで紹介することを決定しました。

参加各社によると、新三原則決定後に行われた政府の企業向け説明会で、経済産業・防衛両省が、展示会参加を大手企業に呼び掛け、これに応じた企業が参加を決めたようで、政府は武器輸出を積極推進しようとしており、経産、防衛両省の担当者も展示会を初視察すると報じられました（「三原則変更で積極輸出へ　武器国際展示会に13社」東京新聞14年6月12日）。

## 産官学共同での武器開発体制と15年度軍事費5兆545億円

また、安倍政権が武器禁輸から輸出推進へ転換したことを受け、防衛省は同年6月19日、およそ10年先までの国内軍需産業の強化・支援方針を示した「防衛生産・技術基盤戦略」（新戦略）を決定しました。軍需産業の海外展開・国内基盤を国策として後押しするもので、大学や研究機関を動員して産官学共同で武器開発体制を構築する方針も打ち出しました。

軍需産業に対しては、①武器輸出関連事業に対する財政投融資、②国と企業の不正の温床となってきた随意契約の活用、③財政法で定める上限5年を超える長期契約の導入——など、これまでの枠組みを超えた優遇策の検討を明記し、「大学や研究機関との連携強化」として学問・民間分野への資金提供と研究成果の活用を打ち出しました。

これは産官学一体で国の軍事政策への協力体制を平時から敷くもので、米国などのように大学が最先端の武器開発に動員させられる危険があります。防衛省が次期主力戦闘機として導入を進めるF35A戦闘機のアジア太平洋での整備拠点を国内に設ける考えも示しました(「〝死の商人〟〈軍需産業〉を支援　安倍政権が『新戦略』　軍国主義復活 ここまで」しんぶん赤旗14年6月20日)。

さらに、防衛省は14年8月29日、15年度軍事費(防衛関係費)の概算要求を決定しました。総額は5兆545億円(SACO=沖縄に関する日米特別行動委員会=、米軍再編関係経費含む)で、5兆円を超えた2002~03年度の要求額を超えて過去最大です。14年度当初予算と比べ、1697億円(3・5%)の大幅増で、安倍政権は発足以来3年連続の軍拡を狙っています。

具体的には、①最新鋭兵器の相次ぐ導入、②軍需産業などへの税制優遇措置、③自衛官実員の大幅増——などを要求し、軍事優先です。新たに導入する垂直離着陸機オスプレイ、水陸両用車、偵察用無人機、早期警戒管制機はいずれも「機種選定中」として金額・数量を明示してはおらず、沖縄県名護市辺野古への米軍新基地建設費も14年度と同じ仮置きの額を示しているのみで、埋め立て工事に着手すれば総額がさらに膨らむ可能性があります(「軍事費　過去最大5兆円　防衛省概算要求　国民には消費税増税」しんぶん赤旗14年8月30日)。

また、防衛省・自衛隊から軍需産業への天下りは、官製談合など調達をめぐる不祥事の温床となってきましたが、同省から上位10社への14年の天下り人数は、64人（大臣承認28人、委任者承認36人）にのぼりました（前掲「軍需9社の献金倍増　自民の政権復帰後　1億5070万円」しんぶん赤旗）。

日本経団連は、9月10日、武器など防衛装備品の輸出を「国家戦略として推進すべきだ」とする提言を公表しました。提言では、安保関連法案が成立すれば、自衛隊の国際的な役割が拡大し、「防衛産業の役割は一層高まり、その基盤の維持・強化には中長期的な展望が必要」とまで言っています。10月に発足する防衛装備庁に対し、戦闘機などの生産拡大に向けた協力を求めているのです。

## 財界政治と原発再稼働

こうした武器輸出もアベノミクスの成長戦略の一環とでも言うのでしょう。ここにも、アベノミクスが決して国民生活を豊かにするものではないことが表れています。この間、アベノミクスの名のもとで進められたのが消費税増税や年金大改悪であったことは忘れてはなりません。

また、財界政治の問題を考えるうえで、どうしても言及しておかなければならないのが原発再稼働です。8月11日、九州電力は鹿児島県薩摩川内市の川内原発を再稼働させました。原発施設外での事故対策の不備なども指摘され、高齢者が多い医療施設や福祉施設の避難計画の策定が遅れていることも明らかになっています。九州では火山活動が活発で、巨大噴火の影響も懸念されているにもかかわらずです。

福島第一原発については、もともと津波による全電源喪失の危険は、共産党などから指摘されていました。その事故で大きな被害をもたらすことになった背景に、電力会社と政権与党であった自民党との癒着がありました。その1つが政治献金の問題です。電力会社からの企業献金は、公益企業の献金への批判の高まりの中で、1974年以降行われていませんが、関西消費者団体連絡懇談会の方から送っていただいた資料によると、2005年から09年までの東京電力役員らは、自民党の政治資金団体・国民政治協会に、毎年、600万円前後の献金を行っていたのです。その献金は形式的には役員個人の寄付であるものの、役職のランクごとに年間の寄付額も決まっているかのようでしたし、一部の役員を除き役員を退くと寄付はなされなくなり、また役員就任前にも寄付はなされていません。つまり、実質的には各自の自由な意思に基づいて行われているのではなく、会社として組織的になされていると評しうるものだったのです。

このような政治献金は東京電力だけではなく、電力9社と東京ガスの役員らによって行われ2006年から09年の3年間で総額約1億2300万円にものぼっています。

しかも、こうした献金は、福島原発事故以降、なくなったわけではありません。しんぶん赤旗によると、2012年では、原発を持つ電力会社9社の役員の国政協への個人献金を調べると、東電、関西電力、九州電力をのぞく6社の役員53人が総額409万円を献金しています。2011年には誰も献金しなかった東北電力は、高橋宏明会長や海輪誠社長をはじめ14人が献金。北陸電力も久和進社長が20万円を献金するなど15人が寄付し、原発事故直後には〝自粛〟していた献金を一転して再開し、〝原発マネー〟の攻勢が強まってきていることが浮き彫りになりました。前年には5社で

37人、総額126万円だった献金が3倍となり、原発事故が起きた2011年分と比べ、人数、額とも急増しています。

さらに、自民党が政権復帰直後に、大手ゼネコンなどでつくる日本建設業連合会（日建連）に対して文書を送り、公共事業テコ入れの必要性を強調しつつ、4億7000万円の金額を明記して政治献金を要求していました。安倍政権が、アベノミクスの名のもとで、「国土強靭化」を打ち出した時期に、公共事業という税金により、建設業界票を買収し、しかも具体的な金額、それも一般感覚からかけ離れた高額を提示して政治献金を要請・強要したのです。

こうした財界政治のもとで、「世界で一番企業が活躍しやすい国」が目指され、極端に財界優先の政策、今国会でも「生涯ハケン」、「正社員ゼロ」社会につながる労働者派遣法の大改悪なども進められたわけです。

## 政策的にも世論から乖離

国民生活の破壊という点でも、いまの安倍政権は、国民の願いという点で、世論から大きく乖離しているというのが特徴です。安保法制が国民世論と大きく乖離するなかで強行されたことは冒頭で紹介しましたが、他の政策についても世論調査結果を見ると同様のことが確認できます。

2015年8月のNHKの世論調査で、原子力発電所の運転を再開することについて聞いたところ、「賛成」が17％、「反対」が48％、「どちらともいえない」が28％でした。

9月のNHKの調査では、安倍内閣の経済政策について尋ねたところ、「大いに評価する」が

6%、「ある程度評価する」が44%、「あまり評価しない」が33%、「まったく評価しない」が12%とわかれるものの、景気が回復していると感じるかどうかについては、「感じる」が12%、「感じない」が48%、「どちらともいえない」が36%でした。自民党の総裁選挙で、安倍総理大臣の再選が無投票で決まりましたが、今回の総裁選挙が無投票になったことについて好ましいと思うか尋ねたところ、「好ましい」が18%、「好ましくない」が44%、「どちらともいえない」が32%でした。消費税率の10%への引き上げに合わせて、財務省は、飲み物と食料品を対象に、支払った消費税のうち2%分を後から還付する軽減税率の制度を検討していますが、この案について賛成か反対か聞いたところ、「賛成」が14%、「反対」が51%、「どちらともいえない」が27%でした。

## 小選挙区制がもたらした乖離

では、なぜこのように政権と世論の乖離が起こるのでしょうか。その重要な要因の1つに小選挙区という選挙制度があります。自民党は、大きな議席をもっていると言っても、2014年の総選挙での得票率は、比例区で33・1%にすぎません。有権者全体の17%で、6人に1人が投票したにすぎないのです。つまり小選挙区制が過大な議席を自民党にもたらしているのです。

衆議院の選挙制度は戦後、中選挙区制で再スタートしました。中選挙区制は議員定数が原則3人〜5人で、都市部では小中政党も議席を獲得でき、準比例代表的な機能を果たしていました。とはいえ、1960年代以降、自民党は全国の得票率が50%を割り込んだにもかかわらず、過半数の議席を獲得してきました。議員定数不均衡の放置も手伝って民意の正確・公正な反映も十分なものではなかったのです。ところが1994年の「政治改革」は、こうした問題を解決する方向ではなく、むしろ逆の方向で強行されました。衆議院の選挙制度は1人区である小選挙区選挙（議員定数300。14年総選挙から295）を中心とし、比例代表選挙（議員定数200。2000年総選挙から180）をオマケに付加したものにされました。

小選挙区選挙は1人しか当選者を出さないので2位以下の候補者への投票は死票になります。その死票は全国で膨大になります。中選挙区制で執行された最後の1993年総選挙で死票は25％に達していなかったのに、96年総選挙の小選挙区選挙では55％もあり、14年総選挙では48％（約2541万票）でした。「投票の50％前後の民意切り捨て」が行われてきたのです。

その上、小選挙区選挙は全国レベルで民意の歪曲を生じさせてきました。たとえば2012年総選挙で第1党の自民党は小選挙区選挙での議席占有率は79％でしたが、得票率は43％にすぎず、過去最悪の過剰代表となりました。14年総選挙でも得票率48・1％だったのに議席占有率は75・3％にのぼりました。比例代表選挙の当選者を含めて議席占有率は61・1％（290議席）もあったのですが、前述したように比例代表選挙の得票率は33・1％でした。比例代表選挙だけで総選挙が施行されていたら自民党は158議席程度にとどまっていたと試算され、132議席も過剰代表されていた計算になります。公明党の比例試算分の65議席を加えても自公両党は223議席程度で、半数にさえ届きません。

小選挙区選挙は民意を歪曲して「虚構の多数派」、それも参議院の存在を事実上喪失させる「3分の2以上」の議席（14年総選挙で325議席）を与党に与え、「上げ底政権」をつくってきたのです。

**2014年総選挙の「小選挙区選挙」（議員定数295）の選挙結果とその得票率（諸派と無所属は省略）**

| 党派名 | 当選者 | 議席占有率 | 得票率 |
|---|---|---|---|
| 自　民　党 | 222人 | 75.25% | 48.10% |
| 民　主　党 | 38人 | 12.88% | 22.51% |
| 維新の党 | 11人 | 3.73% | 8.18% |
| 公　明　党 | 9人 | 3.05% | 1.45% |
| 共　産　党 | 1人 | 0.34% | 13.30% |
| 次世代の党 | 2人 | 0.68% | 1.79% |
| 社　民　党 | 1人 | 0.34% | 0.79% |
| 生活の党 | 2人 | 0.68% | 0.97% |

**過去の小選挙区選挙における第一党の獲得議席数（当選者数）、議席占有率、得票率**

| 総選挙年 | 第一党 | 当選者数 | 議席占有率 | 得票率 |
|---|---|---|---|---|
| 1996年 | 自民党 | 169人 | 56.3% | 38.6% |
| 2000年 | 自民党 | 177人 | 59.0% | 41.0% |
| 2003年 | 自民党 | 168人 | 56.0% | 43.9% |
| 2005年 | 自民党 | 219人 | 73.0% | 47.8% |
| 2009年 | 民主党 | 221人 | 73.7% | 47.4% |
| 2012年 | 自民党 | 237人 | 79.0% | 43.0% |
| 2014年 | 自民党 | 222人 | 75.3% | 48.1% |

**2014年総選挙の「並立制」（議員定数475）選挙結果と比例配分試算（幸福実現党と無所属は省略）**

| 党派名 | 当選者 | 議席占有率 | 比例得票率 | 比例配分 |
|---|---|---|---|---|
| 自　民　党 | 290人 | 61.1% | 33.1% | 158人 |
| 民　主　党 | 73人 | 15.4% | 18.3% | 87人 |
| 維新の党 | 41人 | 8.6% | 15.7% | 75人 |
| 公　明　党 | 35人 | 7.4% | 13.7% | 65人 |
| 共　産　党 | 21人 | 4.4% | 11.3% | 54人 |
| 次世代の党 | 2人 | 0.4% | 2.6% | 13人 |
| 社　民　党 | 2人 | 0.4% | 2.4% | 12人 |
| 生活の党 | 2人 | 0.4% | 1.9% | 9人 |

**2013年参議院通常選挙の「選挙区選挙」（事実上の議員定数73）：生活の党などは省略**

| 政党名 | 当選者数 | 議席占有率（%） | 得票率（%） |
|---|---|---|---|
| 自由民主党 | 47人 | 64.38 | 42.7 |
| 民主党 | 10人 | 13.7 | 16.3 |
| 公明党 | 4人 | 5.48 | 5.1 |
| みんなの党 | 4人 | 5.48 | 7.8 |
| 日本共産党 | 3人 | 4.11 | 10.6 |
| 日本維新の会 | 2人 | 2.74 | 7.3 |
| 社会民主党 | 0人 | 0 | 0.5 |

**2010年、2013年参議院通常選挙の結果と比例配分試算（議員定数242）：無所属は省略**

| 通常選挙 | 2010年 | | 2013年 | | 合計 | |
|---|---|---|---|---|---|---|
| 党名 | 当選者数 | 比例試算 | 当選者数 | 比例試算 | 当選者数 | 比例試算 |
| **自民党** | 51人 | 29人 | 65人 | 42人 | **116**人 | **71**人 |
| 公明党 | 9人 | 16人 | 11人 | 17人 | 20人 | 33人 |
| **民主党** | 44人 | 38人 | 17人 | 16人 | **61**人 | **54**人 |
| 日本共産党 | 3人 | 7人 | 8人 | 12人 | 11人 | 19人 |
| 社民党 | 2人 | 5人 | 1人 | 3人 | 3人 | 8人 |
| みんなの党 | 10人 | 16人 | 8人 | 11人 | 18人 | 27人 |
| 日本維新の会 | — | — | 8人 | 15人 | 8人 | 15人 |

半数改選の参議院議員を選出する選挙制度も、衆議院のそれと類似したものになっています。とくに事実上の1人区・2人区の多い選挙区選挙によって参議院でも「虚構の多数派」がつくられてきました（衆参の選挙制度の問題点については、上脇博之『なぜ4割の得票で8割の議席なのか〜いまこそ、小選挙区制の見直しを』日本機関紙出版センター・2013年を参照ください）。

## 主権者から乖離させる政党助成制度

1994年の「政治改革」で、企業や労働組合の政治献金（企業・団体献金）を温存させたまま、導入された政党助成金も、政党と国民世論との乖離を促進させました。政党助成法によると、税金を原資とした政党助成金を受けられる政党は、「1月1日現在」で「所属議員数5名以上の政党」あるいは「国政選挙の得票率2％以上で所属議員1名以上の政党」で、手続きを採ったものだけです（日本共産党は手続きを拒否）。政党助成金の総額は「250円」に人口数を乗じて算出される仕組みです。「250円」は1980年代後半のバブル経済時代の政治資金額を確保するために算出された金額で、これに人口数を乗じた年間総額は現在では約320億円です。

各党の交付額は、この総額の半分（約160億円）を「議員数割」で、残り半分（約160億円）を「得票数割」で算出されます。年の途中で衆参の国政選挙が行われれば、原則として同年の各党の政党助成金はその選挙結果も踏まえ再算定されます。衆参の選挙制度は前述したように民意を歪曲していますから、その選挙結果に基づき決定される各党の交付金額は、過剰交付や過少交付となってきました。過剰交付されてきた自民党の政治資金はバブル状態です。

政党助成金が導入された結果、共産党を除くほとんどの政党の財政は、税金（政党助成金）に依存するようになっていきました。たとえば2013年における各党の「純収入」（会派への立法事務費、各政党の繰越金および借入金を除く）に対する「政党交付金」の占める割合を算出すると、新党改革は依存度99％で一番高く、民主党が91％強で、みんなの党90％弱、生活の党81％、自民党73％、日本維新の会72％強と続き、50％未満は社民党46％、公明党19％弱だけです（日本共産党は拒否して

## 2013年の政党の「純収入」に占める政党交付金の割合

| 政党名 | 純収入［借入金と立法事務費を除外］ | 政党交付金 | 割合 |
|---|---|---|---|
| 新党改革 | 1億1657万4789円 | 1億1549万2000円 | 99.07% |
| 民主党 | 85億0189万7871円 | 77億7494万4000円 | 91.45% |
| みんなの党 | 22億5776万8395円 | 20億2768万7000円 | 89.81% |
| 生活の党 | 9億7269万2976円 | 7億8787万0000円 | 81.00% |
| 自由民主党 | 206億1582万4212円 | 150億5858万2000円 | 73.04% |
| 日本維新の会 | 40億9876万1000円 | 29億5620万5000円 | 72.12% |
| 社会民主党 | 10億6996万6156円 | 4億9434万4000円 | 46.20% |
| 公明党 | 138億5365万2853円 | 25億7474万7000円 | 18.59% |

いるので0%）。

2003年以降の民主党と自民党の2大政党の政党助成金への依存度を計算すると、自民党は03年が72・3%で、その後次第に依存度が高まり、12年には81%に至っています。民主党は03年が84・6%で、その後05年から95%前後で推移し、09年から97%台に突入しています。もっとも、13年になると、自民党は企業・団体献金が増えた結果、73%に下がり、民主党も選挙で敗北して91%に下がりましたが、それでも依存度は両党とも異常に高いままです。

## 自民党・民主党の過去の政党交付金依存度

| | 繰越金と借入金と立法事務費を除く純収入に対する政党交付金の占める割合 | |
|---|---|---|
| 年と政党名 | 自民党 | 民主党 |
| 2003年 | 72.3% | 84.6% |
| 2004年 | 75.9% | 83.6% |
| 2005年 | 76.4% | 95.4% |
| 2006年 | 76.4% | 94.4% |
| 2007年 | 76.2% | 94.8% |
| 2008年 | 76.8% | 94.2% |
| 2009年 | 79.1% | 97.1% |
| 2010年 | 78.9% | 97.4% |
| 2011年 | 79.6% | 97.9% |
| 2012年 | 81.0% | 97.6% |
| 2013年 | 73.0% | 91.5% |

このように政党が税金に依存していると、主権者国民から資金調達する努力をしなくても税金で自己資金を賄えるので、主権者から乖離した政治・政策を強行する可能性が高くなります（詳細は、上脇博之『誰も言わない政党助成金の闇～「政治とカネ」の本質に迫る』日本機関紙出版センター・2014年を参照ください）。

## 日本経団連の2大政党政策「買収」

これに乗じて日本経団連が会員企業に政治献金の斡旋を行い、財界による「買収」政治が強まったのです。経団連は、2002年5月に、日本経営者団体連盟（日経連。1948年4月設立）と統合して総合経済団体としての日本経済団体連合会（日本経団連）となり、この日本経団連は、「これを機に政治との新たな関係の構築に取り組もうと考え」、政治献金斡旋の再開を決定しました。

自民党は、従来、同党のために政治資金を集める国民政治協会を通じて企業献金を受け取っており、経団連は、企業の資本金や売上高など参考にして各企業に政治献金額を割り振る方式で、その企業献金の斡旋をしていました。しかし、1993年にこの斡旋を中止しました（経団連 会長・副会長会議「企業献金に関する考え方」1993年9月2日）。日本経団連は、その従来の斡旋を単に「再開」したのではありません。自民党と民主党の政策を評価し、その評価に応じて傘下の企業に政治献金を呼びかけるという形で斡旋し始めたのです。従来の斡旋よりも悪質なものになっています。

より具体的に説明すると、日本経団連は、2003年5月に、政党の政策評価に基づき企業献金を斡旋する方向を打ち出し（日本経団連 会長・副会長会議「政策本位の政治に向けた企業・団体寄付の促進について」２００３年５月12日）、同年９月に10項目の「優先政策事項」を決定し（日本経団連「『優先政策事項』と『企業の政治寄付の意義』について」２００３年９月25日）、同年12月には寄付の申し合わせを行いました（日本経団連「企業の自発的政治寄付に関する申し合せ」２００３年12月16日）。

「優先政策事項」の10項目は、日本経団連傘下の企業の利害に関するものも含まれていますが、全体としては日本の基本的国家政策事項です。

日本経団連は、この「優先政策事項」につき自民党と民主党の各政策を評価し、翌２００４年１月の末には「自民党が85点、民主党は50点以下」という「第一次政策評価の発表」を行いました（日本経団連「２００４年第一次政策評価の発表」２００４年１月28日）。

**日本経団連の傘下企業の自民党と民主党への政治献金の金額**

| 年と政党名 | 自民党 | 民主党 |
|---|---|---|
| 2004年 | 22.１億円 | 0.６億円 |
| 2005年 | 24.１億円 | 0.６億円 |
| 2006年 | 25.２億円 | 0.８億円 |
| 2007年 | 29.１億円 | 0.８億円 |
| 2008年 | 27.０億円 | 1.１億円 |

そして、これに基づき、２００２年には19億円だった会員企業の献金の額を当面40億円に拡大する方向を打ち出し（宮原賢次「政党が政策立案能力を高めるための寄付が必要だ」『論座』２００４年７月号）、その後総額は増え続け、２００７年には前年比３億９０００万円増の29億９０００万円を斡旋しました（産経新聞２００８年９月13日）。

この金額はバブル期と比較すると少ない金額ですが、バブル期にはなかった政党交付金という税金が自民党や民主党などには交付されていることに注目すべきです。この税金に依存し国営政党化し国民から遊離した中で日本経団連の政治献金が斡旋されるからこそ「買収」効果を発揮するのです（詳細は、上脇博之『財界主権国家・ニッポン　買収政治の構図に迫る』日本機関紙出版センター・2014年）。

以上のように、日本経団連は、傘下の企業の利益のために政治的発言力を高めるだけではなくカネによる利益誘導を行うことを目指し、さらに企業献金を通じて政党の政策、ひいては国家の政策を買収すること目指したのです。

安倍政権は、以上の「政治改革」がゆきついた最悪の政権です。そのことを、はっきりと示したのが、今回の戦争法の強行採決でした。憲法違反の小選挙区選挙と政党助成が憲法違反の戦争法を生み出したのです。

## 置き去りにされた「クリーンな政治」

しかも、本来「政治改革」の契機になったのは、リクルート事件からゼネコン汚職事件（金丸事件）など政治腐敗の事件の続発であり、国民の願いは民意がゆがめられない、清潔な政治の実現であったにもかかわらず、決してクリーンな政治は実現さえもしていないのです。

たとえば、自民党橋本派が日本歯科医師会会長から1億円の献金を取りながら政治資金収支報告書に記載しなかった日歯連闇献金事件、多くの保守政党の議員にダミーの政治団体や役員らが寄付していた西松建設違法献金事件、徳洲会グループによる自民党の徳田毅衆院議員（辞職）のための組織的な公職選挙法違反事件、「みんなの党」の渡辺喜美代表（当時）の8億円事件など金権スキャンダル、小渕優子経済産業大臣（当時）の「観劇会」等虚偽記載事件、下村博文文部科学大臣（当時）の

「博友会」無届け事件、日本歯科医師連盟の違法な迂回献金・虚偽記載事件など、「政治とカネ」問題は相変わらず発覚し続けています。

２０１２年の政治資金収支報告書によると、自民党の政治資金団体「国民政治協会」（国政協）は、企業・団体献金や政治団体からの献金をあわせて約16億２０００万円を集めていますが、このうち、衆院が解散された11月16日から12月16日の投開票までの１カ月間に集めた額は、約５億３０００万円と32・７％を占めています。なかでも、２００万円以上の大口献金をした企業や政治団体は、日本電機工業会の５０００万円など48団体、計４億３３９２万円にのぼっています。国政協は、こうして集めたカネを公示翌日に３億５０００万円、選挙３日後の19日に１億３０００万円の計４億８０００万円を自民党に寄付していたのです。

一方、政党交付金使途等報告書によると、自民党は、総選挙の供託金（小選挙区１人３００万円など）を11月22日〜12月３日の間、６回に分けて計19億９８００万円を東京法務局に納めています。自民党は、総選挙を前後した10月19日と12月20日に、それぞれ25億３８５０円の政党助成金を国から受け取っていますから、政党助成金１回分がまるまる供託金となった格好です。

つまり自民党は前回の総選挙を、国民の浄財ではなく、大企業・財界献金と税金で選挙運動をしたことが浮かび上がっています（詳細は、上脇博之『告発！政治とカネ　政党助成金20年、腐敗の深層』かもがわ出版・２０１５年を参照ください）。

要するに、自民党などの保守政治にとって、当時の「政治改革」は、小選挙区制によって民意を歪める制度をつくり、国民の反対があっても財界政治を強行するためのものであり、決してクリーンな政治をおしすすめるためではなかったのです（詳細は、上脇博之『安倍改憲と「政治改革」〜【解釈・立法・96条先行】改憲のカラクリ』日本機関紙出版センター・2013年を参照ください）。

## 民主主義・国民主権を否定している自公政権

平和主義、立憲主義、民主主義がおびやかされようとしているいまこそ、国民の声、世論が反映される政治の実現こそが必要です。

前述したように、衆議院の小選挙区選挙は民意を歪曲するので、自民党など保守政党に過剰代表という不当な特権を与えてきました。また、税金を原資とした政党助成制度は自民党など保守政党の政治的体質を主権者国民から乖離させ変質させてきました。

その結果、アメリカや日本財界が要求する国家改造、すなわち、弱肉強食を原理とした新自由主義政策と、平和憲法を否定し軍事大国化を目指した新保守主義政策が容易に強行されてきました。そして、明文改憲なしに、集団的自衛権（他衛権）行使等を「合憲」という「解釈改憲」による閣議決定が行われ、新「ガイドライン」を法的に整備する「立法改憲」が強行されたのです。これは憲法の平和主義を踏みにじり、立憲主義を否定するものにほかなりません。

しかも、憲法違反の安保関連法案（戦争法案）に対し、国民の6割がその成立に反対し、国民の8割が政府の説明が不十分だと思っているのに、自公与党が違憲の法案を強行採決したことは、両党が民主主義政党ではないことに加えて、国民主権を実質否定していることを意味しているのです。

## 自民党の9条改憲の再確認

安倍政権は、今後も暴走し、クーデターを完結させるつもりです。安倍首相は10月7日の記者会見で、「（自民党総裁としての任期である）この3年間、時代が求める憲法の姿、国の形について国民的な議論を深めていきたい」と語り、自らの任期中に憲法改正への道筋をつけることに意欲を示しました。9月に強行採決された戦争法は、裁判所で憲法違反と判断される可能性があります。憲法9条があるからです。また、戦争法を憲法違反と批判する主権者国民がその廃止を主張し続けるがゆえに、憲法9条を「改正」（改悪）し、クーデターを完結したいのです。

自民党が2012年に策定した「日本国憲法改正草案」は、日本国憲法の基本原理を全面的に否定するものですが、戦争法との関係で最低限確認しておきたいのは、日本国憲法の平和主義を全面的に否定するものだということです。具体的には、日本国憲法の前文にある「日本国民は、……政府の行為によって再び戦争の惨禍が起こることのないやうにすることを決意し……」を削除し、自衛隊を「国防軍」にし、他衛戦争や多国籍軍の戦争にも参戦できるようにし、軍法会議を設置することも「合憲」にすることを目指していました。また、日本国憲法の前文にある「われらは、全世界の国民が、ひとしく恐怖と欠乏から免かれ、平和のうちに生存する権利を有することを確認する。」を全面的に削除し、平和的生存権を否定することも目指されていました（詳細は、上脇博之『自民改憲案VS日本国憲法～緊迫！9条と96条の危機』日本機関紙出版センター・2013年を参照ください））。

## 日本国憲法の平和主義を否定している自民党憲法改正草案

**（前文）**……

我が国は、先の大戦による荒廃や幾多の大災害を乗り越えて発展し、今や国際社会において重要な地位を占めており、平和主義の下、諸外国との友好関係を増進し、世界の平和と繁栄に貢献する。……

**（平和主義）**

**第９条** 日本国民は、正義と秩序を基調とする国際平和を誠実に希求し、国権の発動としての戦争を放棄し、武力による威嚇及び武力の行使は、国際紛争を解決する手段としては用いない。

２ 前項の規定は、**自衛権の発動を妨げるものではない**。

**（国防軍）**

**第９条の２** 我が国の平和と独立並びに国及び国民の安全を確保するため、**内閣総理大臣を最高指揮官とする国防軍**を保持する。 ２……。

３ 国防軍は、第一項に規定する任務を遂行するための活動のほか、法律の定めるところにより、**国際社会の平和と安全を確保するために国際的に協調して行われる活動及び公の秩序を維持し、又は国民の生命若しくは自由を守るための活動**を行うことができる。

４ 前２項に定めるもののほか、国防軍の組織、統制及び機密の保持に関する事項は、法律で定める。

5　**国防軍に属する軍人その他の公務員がその職務の実施に伴う罪又は国防軍の機密に関する罪を犯した場合の裁判**を行うため、法律の定めるところにより、**国防軍に審判所を置く。**この場合においては、被告人が裁判所へ上訴する権利は、保障されなければならない。

（領土等の保全等）

第9条の3　国は、主権と独立を守るため、**国民と協力して、**領土、領海及び領空を保全し、その資源を確保しなければならない。

**（内閣総理大臣の職務）**

**第72条……**　2……

3　内閣総理大臣は、**最高指揮官として、国防軍を統括**する。

**（内閣の構成及び国会に対する責任）**

**第66条……**

2　内閣総理大臣及び全ての国務大臣は、**現役の軍人**であってはならない。

## 3　世論が反映する政治をどうつくるか

### 自民党の変質

前述の明文改憲や戦争法の廃止を実現するためには、後述するように新たな運動を展開する必要がありますが、そのためには、今の自民党の体質について正確に理解しておく必要があるでしょう。実は、自民党は、従来の保守政党として体質を大きく変質させてしまっているからです。

自民党が保守合同をおこなって、いわゆる55年体制がつくられたのは、左右の社会党の合体を意識したうえのことでした。そのとき保守政治のあり方という点で意識されていたのが、昔のような地域の保守のボスの連合体というものではなく、資本主義を当然の前提とした階級政党＝ブルジョア政党になることでした。そのとき復古的な大日本帝国憲法に戻すというイデオロギーはあったのですが、むしろ強く目指されたのは大衆的なブルジョア政党化でした。

ところが、階級政党化を推し進めると、明らかに自民党は支持を失っていきます。実際に、中選挙区制のもとで前述したように自民党は１９６０年代に得票率では過半数を割ることになります。当時、自民党内の党改革推進のリーダであった石田博英衆院議員がつくった報告書には、〝このままいくと社会党が第1党になる〟という分析までありました。このままではいけないということでさまざまな取り組みがおこなわれるのですが、中選挙区制がこの点をカバーした面があります。派閥政治による競い合いが保守系無所属をも吸収し、保守の裾野を掘り起し、広げていったのです。必ずしもブルジョアではない人たちが、自民党の支持基盤として形成され、自民党は議席のうえでは過半数を維持することができたのです。また、高度成長のもとでは、大企業の労働者は企業の発展が自分の暮らしを左右するとして経営者と同様、自民党など保守政党支持となってきました。

高度成長のなかで人口移動が起きて、都市部に人口が集中していきますが、議員定数の不均衡問題を放置してきたため、国会でも政治改革ということがくり返し議論されるようになります。そういう制度論に着目すると、実は、中選挙区制のもとでも、民意をゆがめる機能があったことがわかります。

ところが、アメリカ・イギリス流の新自由主義の流れが１９８０年代に日本にも来て、90年代にはそれをおしすすめる圧力が強くなります。そこで「政治改革」をやることで、新自由主義の全面展開をはかろうとしたわけです。その結果、いままで自民党が裾野を広げてきた部分をカットしていく、支持母体を掘り崩すことにならざるを得なくなったのです。つまり、アメリカや財界の思惑を実現しないといけないが、それでは当然支持が離れていく。自民党がもっていたソフトな面、修正資本主義的にせざるを得ない面を切り落とし、新自由主義路線に大きく変わっていったのです。長いスパンで見れば自民党は選挙のたびに支持率を低下させ、その結果、２００９年の総選挙で下野し政権交代に至るのです。

こうした自民党のブルジョア政党化は、党員数の減少に典型的に表れています。「政治改革」前の１９９１年、自民党員は約５４７万人でしたが、２００１年には２００万人を割り、２０１２年末には73万人台にまで落ち込み、翌13年末には16年ぶり増加したとはいえ78万人台にとどまっています。安倍政権のもとでも、自民党は、国民的な基盤の欠落という課題を決して解決しているわけではないのです。

## 自民党の不安定さと経済界のテコ入れ

こうした自民党政権の不安定さを、経済界、とくに経団連（日本経済団体連合会）も意識して自民党政権へのテコ入れを強めました。経団連は、民主党政権下では、政権との関係が離れてしまっていましたが、第2次安倍政権になり、政権の近隣諸国との関係には苦言を呈しながらも、財界本位の新自由主義路線をすすめてもらえるという期待感を強めてきました。第2次安倍改造内閣が発足したとき、ただちに新内閣に対し「強いリーダーシップを発揮し、震災からの復興の加速、法人実効税率の引き下げ、エネルギーの安定供給と経済性の確保、社会保障制度の重点化・効率化の推進、消費税率の着実な引き上げと財政の健全化、地域経済の活性化、TPPをはじめとする経済連携の推進などの諸課題に果敢に取り組んでいただきたい」とのエールを送っています。この流れのなかでおこなわれようとしているのが、会員企業の政治献金の斡旋の復活です。この斡旋は、前述したように、今世紀に入り奥田会長時代に開始され、御手洗会長時代に引き継がれ、2009年総選挙による政権交代まで続きました。

それが復活したのです。このことは榊原新会長の下で表明され、14年9月16日には、「政治との連携強化に関する見解」を発表しました。それは、「日本再興に向けた政策を進める政党への政治寄附を実施するよう呼びかける。また、経団連としての政党の政策評価も実施していく」と言っているように、奥田会長のときに始めた手法です。

ただし、政策評価については、若干変更しています。2015年の場合で言えば、まず、日本経団連は、「豊かで活力ある日本を再生する—2015年度事業方針—」（2015年6月2日）を公表し、これに基づき、自民党を中心とする与党の政策（取り組み・実績ならびに課題）の評価を行っており、主な野党については、どのような政策を主張しているか検証するにとどめているのです。

政党の政策を「買う」手法を再開したのは、小泉政権下でそれが大きく成功したこともありますが、同時に、安倍政権が、それに応えてくれるという期待の表れだったでしょう。たとえば消費税の税率についても、引き続き10％への引き上げも法人税の実質的な引き下げもやってくれそうですし、安倍政権が武器輸出三原則の実質的撤廃で新三原則に変更したのも、経済界・アメリカの要求に応えた結果だったといえるでしょう。

自民党向けの企業献金の額は2012年時点で約14億円でした。政権交代後の13年では約20億円まで増えました（「経団連、自民向け政治献金呼びかけへ　2年連続」日本経済新聞2015年9月27日　23時54分）。経団連の榊原定征会長は10月13日の記者会見で、加盟企業に政治献金を2年連続で呼びかけることを正式に表明しました。経済最優先を掲げた安倍晋三政権を経済界が支える方針を傘下の1300社に改めて伝えるそうです（日本経団連「政治との連携強化に関する見解」2015年10月29日も参照）。献金の基礎資料になる政党の政策評価も刷新し、自民・公明の与党は「自由民主党を中心とする与党は、日本再興に向け、強い政治的リーダーシップを発揮しつつTPP協定の大筋合意をはじめとする経済成長戦略や外交・安全保障政策を遂行し成果を上げており、高く評価できる。引き続き、デフレ脱却と経済再生の確実な実現、財政の健全化、人口問題への対応をはじめとする諸政策を強力に実行することを期待する。」と総括しました（日本経団連「主要政党の政策評価 2015」2015年10月20日）。

## 安倍政権固有の問題

そのうえで、安倍政権の場合には、たんなる自民党政権ということにとどまらない側面があり、そのことが今後、いっそうの矛盾を拡大する要因になるという点にも注目する必要があります。1つは祖父・岸信介元首相（故人）の思いを達成したいという執念で、もう1つは二度目の総理大臣で後がないという思いです。そのことが最悪の暴走政治の推進につながっているのだと思いますが、彼にとってはそれが自分の功績であるという倒錯した評価となるのです。かつての自民党だったら考えられないことです。今回の改造内閣の〝お友だち〟閣僚の顔触れにもそのことは表れています。

しかも、安倍政権がやっていることの矛盾は、自民党自身がつくった2012年の改憲草案をみても明らかなのです。なぜ、改憲草案をつくったのか。それは「解釈改憲」は無理だと考えたからです。しかし、その後に誕生した第2次安倍自民党は、方針転換をしました。「解釈改憲」を前提に、その前にできるものから「立法改憲」をすすめてきたのです。アメリカと同じように戦争の司令塔となる国家安全保障会議＝日本版NSCの設置や、秘密保護法の制定もそうです。こうしたことは、本来は明文改憲してからでないとできないはずです。それらは、やればやるほど、どんどん国民から離れてしまうという悪循環に陥っていくという性格のものです。

国土強靱化政策も、新自由主義の本音を隠した「地方創生」も、国民の支持の獲得をめざした小手先のとりくみにすぎません。自民党にとっては、小手先でも選挙で勝てればいいということなのでしょう。本当に国民の支持を得た国民政党になろうというわけではないし、国民政党の仮面をかぶりながら階級政党・財界政党としての政治をやるのが本音です。そこで制度改悪を悪用し、過剰な代表を獲得するということです。

安倍政権は、数の力で、安定しているように見えますが、実際には、高まる世論に非常に敏感になっています。それはたとえば、先の自民党の総裁選の経緯に表れています。野田聖子氏が対抗馬として立候補を試みましたが、首相側近や党執行部が激しい切り崩し工作を行い、断念を余儀なくされました。党内の7つの派閥すべてが安倍氏支持を決めていましたので、野田氏が立候補できていたとしても安倍氏の再選は確実視されていました。それなのに、なぜ安倍氏が野田氏を立候補断念に追い込んだのか。その理由は「安全保障関連法案の参院審議を考えれば、総裁選をおこなう余裕はない」こともあったでしょうが、安倍氏は総裁選で地方票が開票され、その結果が公表されることを恐れたからでしょう。

自民党の総裁選挙の仕組みは、前回、第1回投票でトップだった石破茂氏（地方票165票、議員票34票）と2位の安倍氏（地方票87票、議員票54票）が決選投票を争い、国会議員投票で安倍首相が選出されました。党員票で上回った石破氏が決選投票で敗れたことに「地方からは少なからぬ不満の声が上がった」（党幹部）ため、総裁公選規程を改正し、地方票を国会議員数と同数にした上で、国会議員のみ投票できた決選投票に、1回目の投票結果を反映した各都道府県の47票を振り分けるようにしていました。地方ではその実施への期待も高まっていました。しかし総裁選の投票が行われれば、地方票で野田氏に予想以上の票が集まる可能性もありました。安倍氏はそれを回避したかったのでしょう。

## 「自民党一強状態」を直視する

とは言え、世論調査を見ると、この間、政党支持率で言えば、「自民党一強状態」が続いていることも直視しなければなりません。これが自民党を好き勝手に暴走させている原因にもなっていますし、自民党内で安倍降ろしがやりづらい状態にもなっています。もちろん、前述したように自民党や自民党政治が国民から乖離している点は重要です。しかし、「自民党一強状態」があり、保守が多党化しており、本来なら革新政党が大きく支持を伸ばしていかなければならない状況であるにもかかわらず、それに対抗する政党としての支持が、残念ながら得られていません。3割、4割いる「支持なし層」がどう動くかが、今後の選挙では重要になってきます。「支持なし層」には政治的無関心層もいますが、政治的関心層もいるのです。自民党支持層には、積極的な支持者だけではなく、消極的な支持者もいます。こうした層に向けて、自民党に対抗し、事実上の財界主権から真の国民主権に変え、アメリカ依存をやめるという大きな対抗軸がきちんと示して共感を得られれば、展望が開けてくるはずです。

今の政治は、残念ながら、議会制民主主義とは言えません。小選挙区制、政党助成金、企業・団体献金という民意を歪める制度があるからです。自民党政権は、それらに下支えされ、「上げ底状態」

になっているのです。国民の圧倒的端数が支持し下支えしているわけではありません。

たとえば「解釈改憲」や「立法改憲」の問題でも、保守の人たちが必ずしも支持しているわけではありません。多くても3割しか支持していないという現実は重要です。政党で言えば改憲に反対する共産党などの政党の支持率が10％に達していないにもかかわらず、なぜ3割しか「解釈改憲」に賛成しないのか。保守層や、これまで親自民党的な立場だった人のあいだに「自衛隊を海外に出し、アメリカといっしょに戦争をする政治」に対し、さらには「新自由主義的な財界中心の政治をすすめ、国民を置き去りにして痛みだけを押しつける政治」に対し、危惧や不安が広がりつつあるのは間違いありません。ただ、保守政党離れが、残念ながら革新政党への支持に結びついていないから、「支持なし層」が3割、4割になっているという現実、消極的な自民党支持者がいる現実があります。問題は、いま広がりつつあり、主権者のあいだのさまざまな要求にもとづく運動が、選挙にどう結びつくか、ここが大きな課題です。

## 根強い反対運動が成長

安倍政権による憲法破壊の暴走政治をこのまま許していたのでは、国民主権ではなく「財界主権」の方向が加速することになります。これをくい止めなければなりません。この間、秘密保護法＝特定秘密隠蔽法、集団的自衛権行使の「解釈改憲」・「立法改憲」の闘いのなかで、根強い反対運動が成長するなど、簡単に、安倍政権が好き勝手にできないような国民世論も生まれています。安倍氏からみると、大枠では成功し、思い通りになっていますが、１００％すべてが思い通りになっているわけでは決してありません。

たとえば集団的自衛権についての「解釈改憲」・「立法改憲」に対する世論の根強い反対があり、反対が5割を超え、賛成がなかなか増えませんでした。世論とのギャップ・乖離が続いたため、国民に対して、「私たちの命を守り、平和な暮らしを守るため」「抑止力が高まり、紛争が回避され、我が国が戦争に巻き込まれることがなくなる」と誤魔化し、だまさないとできなかったわけです。

背後にいるアメリカも、安倍氏がもつ新自由主義的側面には好意的であっても、右翼的な面には警戒しています。日本の近隣諸国で戦争をするのはアメリカにとっては得策ではないという判断があり、アジア諸国とは軋轢・摩擦を起こしてほしくないと考えています。アメリカは日本の戦争に巻き込まれたくない。アメリカの戦争に日本を協力させたいというのが基本なのです。明文改憲よりも「解釈改憲」の方が周辺諸国への刺激を少なくできるとの思いもあったのでしょう。

しかし、そのこと以上に、国民の根強い反対運動の存在は、今後の民主主義政治を左右するほど重要であり、注目に値します。秘密保護法への反対運動や集団的自衛権の「解釈改憲」・「立法改憲」反対についての国民の立ち上がりをみれば、事実上の「財界主権」政治を阻止し、真の主権者国民のものに反転させる可能性は大いにあります。「解釈改憲」の閣議決定と「立法改憲」を強行されたからといってあきらめて運動を止めるわけにはいきません。今現在も国会前や地方では運動を続けていますし、むしろ戦争法の執行阻止や廃止に向けてしっかりと運動を再構築していこう、大きくしていこうという動きが広がっています。

私の住む兵庫県内でも、幅広く、いままで常時いっしょに市民運動をやっているわけではない勢力同士が共同で運動を行っています。一点共闘に近い形です。そういう運動があるのは、あきらめていない証拠であり、まだまだ期待がもてます。そして非民主的な選挙制度のもとでは、選挙結果が民意とはいえないことを、しっかりと確認しておく必要があります。

## いま国民・主権者がすべきことは何か

9条改悪の明文改憲を阻止し、戦争法の廃止を実現するためには、世論が反映する政治を実現しなければなりません。それをどのようにしてつくるかが、いまの政治の最大の課題です。

そのためには、民意を正確かつ公正に反映する選挙制度に改めさせるべきです。企業・団体献金は、企業や労働組合の政治資金パーティー券購入とともに全面禁止すべきですし、政党助成は廃止すべきです。

しかし、そうしたことを目ざしつつも、今まさに重大なことは、第1に、平和主義、立憲主義、民主主義に敵対する安倍政権への国民の怒りを今後も持ち続け、広がったさまざまな運動とその共同の輪を維持し続けることです。今度の運動には、「専守防衛」のための自衛隊や日米安保条約を肯定する人々、従来の集会やデモ・パレードに参加したことのない市民も、自発的に参加するという新しい動きがありました。「集会、デモ・パレードをやっても、今の政治は変わらない」と思っている若者が少なくない中、集会、デモ・パレードをやって、「民主主義とは何だ?」「これだ!」と叫んだ若者が出現したのです。このような若者・市民が今後も主催しやすい、あるいは参加しやすい状況や運動を維持することが必要です。

第2は、戦争法制を廃止する運動へと発展させることです。戦争法案の反対運動においては、同法案に賛成した議員を落選させようとコールする人々がありました。

「自民党議員や公明党議員は、主権者国民のために国会で議論する代表者ではなく、アメリカのために採決要員のロボットになってしまった」「採決の詳細がわからない議事録内容になってしまうほど、ポンコツロボットになってしまったようだ。有害だから廃棄処分すべきだ！」

これは、国民に広がる共通の思いでしょう。その思いは、戦争法賛成議員を次の選挙で落選させ、戦争法を廃止する国会づくりの運動へと向かう高い可能性をもっています。

国会で戦争法案に反対した野党共闘は、この運動に応えるために、選挙での野党共闘に発展する可能性があります。そうすれば、国民の声が反映する政治を確実に実現するための、国民と政党との共同もスタートすることになります。共産党の志位和夫委員長は9月19日の記者会見で「戦争法廃止で一致する政党・団体・個人が共同して国民連合政府をつくろう」「『戦争法廃止の国民連合政府』で一致する野党が、国政選挙で選挙協力を行おう」と提案しました。民主党など他の野党がこれに同調するのか注目されます。若者の自発的な運動が大きく芽生えるなか、来年参議院通常選挙から18歳選挙が始まりますから、選挙での野党共闘が実現すれば、若者にも大いに注目されることでしょう。

若者を含め主権者国民に求められるのは、「お任せ民主主義」に陥らないよう、これまでの安倍政権・与党批判の抗議行動を今後も続けること、そして戦争法廃止が次の衆参の国政選挙の重大な争点になるように運動を続けることです。

全国の若者たちが戦争法阻止で立ちあがった（提供：しんぶん赤旗）

安倍政権、自公与党が一番期待し続けているのは、戦争法の成立に反対していた国民の一人でも多くがそれを忘れ、戦争法の是非を次の国政選挙の争点にしないことです。逆に、恐れていることは、戦争法の成立に反対していた国民の一人でも多くが反対の声を出し続け、戦争法の廃止が次の国政選挙の争点になることです。

## 落選運動の具体的動き

私も戦争法を違憲と叫び続けます。今後も、主権者の一人として安倍暴走政治を批判する憲法運動・市民運動を粘り強く続けます。そして新たに、落選運動にも取り組んでいきます。その運動はすでに具体化して進めています。

9月には弁護士の有志の方々が、「安保関連法賛成議員を落選させよう」と全国の弁護士に呼びかけられました。10月には、私を含め7名の憲法研究者も同様の呼びかけを行い、20人を超える全国の憲法研究者の賛同を得ました。

弁護士の有志の方々と憲法研究者の有志は、一緒に活動をすることになりました。今後は憲法研究者以外の研究者の賛同もありそうです。それゆえ、「安保関連法賛成議員の落選運動を支援する・弁護士・研究者の会」(略称　落選運動を支援する会)を結成し、ホームページもつくりました。政治資金オンブズマンが追及してきた「政治とカネ」問題の分析力を活用して、個々の議員の落選運動を展開することにしました。

「安保関連法賛成議員の落選運動を支援する・弁護士・研究者の会」（略称　落選運動を支援する会）

２０１５年11月

呼びかけ人　阪口徳雄（大阪弁護士会）
沢藤統一郎・梓澤和幸・（以上東京弁護士会）
郷路征記（札幌弁護士会）
上脇博之（神戸学院大学法学部教授）

２０１５年９月19日、安倍内閣は安保関連２法を強行採決により「成立」させました。日本国憲法の平和主義を直接に蹂躙するだけでなく、立憲主義や民主主義をも破壊する立法であります。

この法案に反対する国民運動は大きな高揚と広がりを見せましたが、結局のところ国会議員の数の力で衆参両院において賛成多数で「可決」されました。この運動の中から、安保法制賛成議員を落選させようとの声がおこりました。

私たちも、立憲主義、民主主義に違反した議員はそれ自体で国会議員としても失格であると同時に今後の国政に関与することは有害であると考えます。

そこで、この法律に賛成票を投じた議員を次の選挙では、この議員達への落選運動を支援するために「安保関連法賛成議員の落選運動を支援する・弁護士・研究者の会」（略称　落選運動を支援する会）を立ち上げます。

この会の具体的な当面の活動は、

□　落選対象議員の収支報告書などが総務省や都道府県の選管で公開されているのを一元管理するサイトを立ち上げ、広く有権者が閲覧できるＨＰを立ち上げることにあります。当面は２０１６年７月参議院選挙の「選挙区」議員の42名に絞っています。比例区の安保法制賛成議員についても順次公開していきたいと思います。

□　上記の落選対象議員の収支報告書の調査の過程で、不透明な収入や支出があれば、その情報をＨＰに公開していきます。もし法に違反する場合は刑事告発等の法的手続を会のメンバーや市民と共同で行うこともあり得ます。

□　落選対象議員の情報の提供を広く市民に呼びかけ、調査の上で問題事例があれば、ＨＰに公表するとか、公開質問状を出すとか、又は市民が告発などを行うことを支援したりします。

□　市民の落選運動の中で具体的な問題が生じたときには法的なアドバイスやサポートをすることも検討中です。

□　この会は安保法制に賛成議員の落選運動のみに関与し、特定の政党、特定の候補者などの支援、選挙活動を行うことは一切ありません。

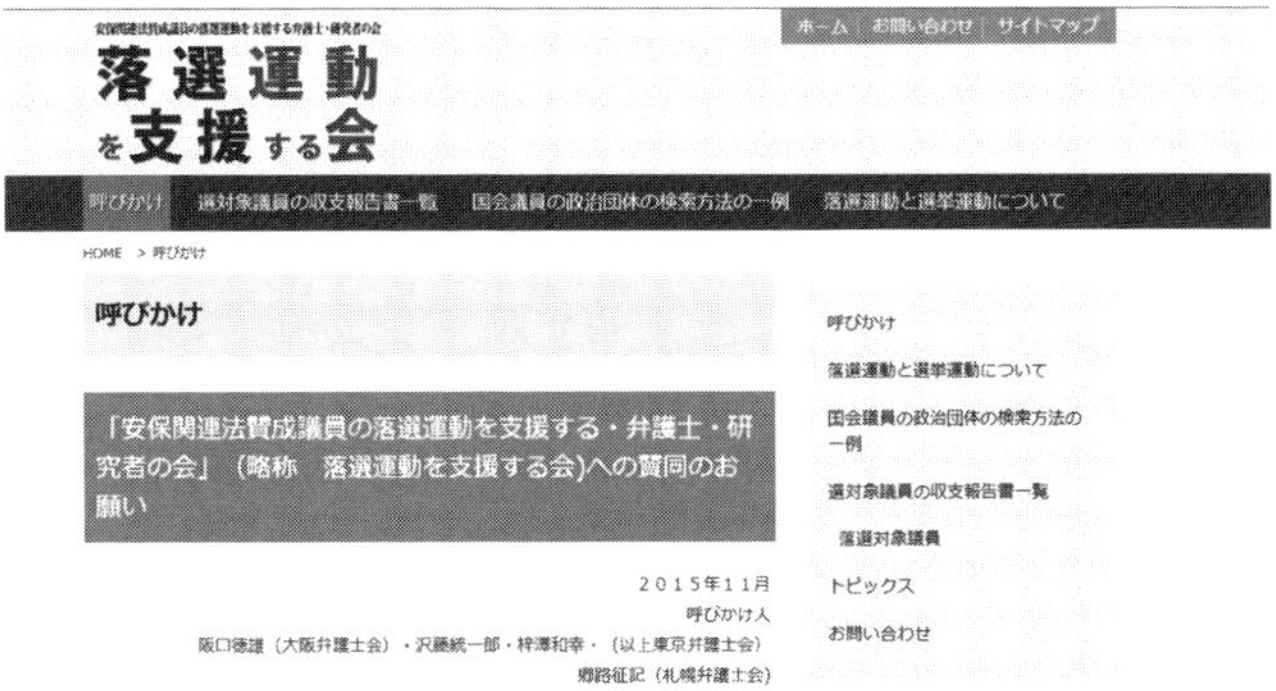

落選運動を支援する会のホームページ

私たちが落選運動の対象第1号にしたのは、現在、大臣である島尻安伊子参議院議員です。島尻氏には、沖縄県選挙区内の者にカレンダーを無償料配布し、それを自身が代表を務める政党支部の政治資金収支報告書に記載していなかった問題と、島尻氏がその政党支部に合計1050万円を貸付けていたのに、それが消えてしまった問題があることが判明しました。そこで「政治資金オンブズマン」共同代表である私を含む全国の研究者30人は、島尻大臣らを公職選挙法違反・政治資金規正法違反の容疑で刑事告発するために、11月24日に代理人（弁護士）を通じて告発状を那覇地検に送付しました。

落選運動には幾通りかのやり方が考えられますが、落選運動そのものは、「特定の候補者の当選を目的」とするものではありませんので、選挙運動ではありません。最後に、この点について詳しく解説しておきます。

# 4　新たな民主主義運動 ―落選運動の法的解説―
## 選挙運動ではないので、選挙期間中も行える

### 多様な個人・団体の落選運動の可能性

安保関連法案については様々な団体・市民が、これを批判し、その成立に反対して運動を行ってきましたが、その団体・市民の中には、「安保関連法案の成立に賛成した議員」を次の国政選挙で落選させようと呼びかけ、法案成立後も抗議行動・運動を継続しているものもあります。この運動を便宜的に「落選運動」と呼ぶことにします。

このように主権者の抗議行動・運動は「落選運動」の性格も持ち始めていますし、抗議行動・運動の中には次第に「落選運動」を主たる活動に転化しつつあるものもあります。具体的に落選をさせる議員を名指しして運動を展開し始めているものもあり、「落選運動」を積極的に行う独自の団体を立ち上げようとする動きが出てきそうです。

ただし、「落選運動」を行うのは、団体だけではなく、当然、個人もあります。つまり、団体が行う落選運動もあるでしょうが、一人だけで行う落選運動もあるのです。

また、「安保関連法案の成立に賛成した議員」を落選させようという団体・市民（個人）だけが、「落選運動」を行うとは限りません。全く別の論点で賛成または反対した議員を落選させようという団体・市民がないとはいえません。

以上のことを踏まえて、以下、落選運動についての法的検討・解説を行いますが、それは、現行の公職選挙法など現行法を前提にしていますので、ご留意ください（その理由は最後に書きます）。

## 「『落選運動』は選挙運動ではない」と確認する意義

「落選運動」については、「公職選挙法上、いわゆる選挙運動ではない」ということを確認しておく必要がありますし、公職選挙法に違反して逮捕者を出すことがないよう運動を続けるためにも、同法について正確な理解をしておく必要があります。

というのは、もし「落選運動」が選挙運動であれば、今から選挙運動を展開することはできず、選挙期間中しかできなくなってしまうし、その期間は公職選挙法の制約内でしか運動ができなくなってしまうからです。

公職選挙法は、選挙期間を定めていて、その期間以外は、選挙運動を行うことを禁止しています。より正確に説明すると、選挙運動は、政党などが「選挙の期日の公示又は告示があった日」に立候補の届出をし、その「届出のあった日から選挙の期日の前日まで」でなければ、行うことができません（第129条）。これに違反して選挙運動した者は「1年以下の禁錮又は30万円以下の罰金」で処せられます（第239条第1項第1号）。

ですから、次の国政選挙（少なくとも来年の参議院選挙議員通常選挙、その前に衆議院が解散されれば衆議院議員総選挙）の選挙期間に入る前は、選挙運動ができないのです。これを〝事前運動の禁止〟といいます（これは憲法違反ではないかという論点がありますが、ここでは論じません）。

したがって、もし「落選運動」が選挙運動であれば、公選法が事前運動を禁止している以上、「落選運動」は選挙期間しかできなくなってしまい、いま「落選運動」を行うと処罰されてしまうことになるので、処罰を覚悟しない限り「落選運動」ができないことになりますし、逮捕されればその後は「落選運動」はできないことになってしまいます。

しかし、「落選運動」が選挙運動でないのであれば、「落選運動」は選挙期間外にも行えることになり、「落選運動」をしても処罰されないことになりますから、今からでも「落選運動」を行えることになります。

したがって、「落選運動」が選挙運動であるかどうかを確認することは、「落選運動」にとって、とても重要なことなのです。

## 「落選運動」は選挙運動ではない

「『落選運動』は、特定の者を落選させることを目指しているから、選挙に関する運動であり選挙運動である」と思っておられる方もあるかもしれません。そうすると、前述したように事前運動が禁止されている以上、「落選運動」は選挙期間しか行えないことになるので、今、「落選運動」はできないことになってしまいます。

しかし、「公職選挙法上『落選運動』は選挙運動ではない」のです。

事前運動は、国民主権でなかった戦前から禁止されていました。そこで戦前の裁判所（大審院）の判例をみておきましょう。

「選挙運動トハ一定ノ議員選擧ニ付一定ノ議員候補者ヲ當選セシムヘク投票ヲ得若ハ得シムルニ付直接又ハ間接ニ必要且有利ナル諸般ノ行為ヲ為スコトヲ汎称スルモ」「單に議員候補者ノ當選を得シメサル目的ノミヲ以テ選擧ニ関シ・・・スルカ如キ行為ハ之ヲ以テ選擧運動ナリト称スルヲ得ス」（大審院1930年（昭和5年）9月23日衆議院議員選挙法違反被告事件）。

この判決によると、選挙運動とは、一定の議員選挙につき一定の議員候補を当選させようと投票を得る、もしくは得させる直接または間接に必要かつ有利な諸行為をすることであると広く解するとしても、単に議員候補者の当選を得させない目的だけで選挙に関して行う行為は選挙運動と解することはできない、というのです。つまり、戦前の判例では、落選運動は選挙運動と理解されてはいなかったのです。

では、戦後の判決はどうでしょうか。

「公職選挙法第百四十二条は選挙運動のために頒布する文書図画を選挙用である旨を示した一定数の通常葉書に制限し、それ以外の文書図画を選挙運動のために頒布することを禁止したものである。従って、選挙運動のためにするのでなければ同条の禁止にふれないことは云うまでもない。そうして同条に云う選挙運動とは一定の公職につき一定の公職の候補者を当選させるためにその候補者に投票を得させるに有利な行為をなすことを云うのであって、一定の候補者を落選させるためにする行為は同条に云う選挙運動ではない。」（札幌高裁1953年〈昭和28〉6月4日判決・高等裁判所刑事判例集6巻5号749頁）。

これは最高裁の判決ではありませんが、一定の候補者を落選させるためにする行為は選挙運動ではないとの判断を示した重要な高裁判決です。

では、公選法についての専門書の解説も確認しておきましょう。

選挙制度研究会編『実務と研修のためのわかりやすい公職選挙法〔第15次改訂版〕』（ぎょうせい・2014年174頁）は、公選法における「選挙運動」とは、「特定の選挙について、特定の候補者の当選を目的として、投票を得又は得させるために、直接又は間接に必要かつ有利な行為」と定義しています。

また、土本武司『最新　公職選挙法罰則精解』（日本加除出版社・1995年21頁）は、「判例・通説の見解に従えば、選挙運動の要件は、（1）選挙の特定、（2）候補者の特定、（3）投票を得または得させる目的、（4）投票を得または得させるための行為となる」とまとめています。

要するに、選挙運動は、そもそも「特定の候補者の当選を目的」としており、当該候補者に「投票を得または得させるための行為」なのです。

この定義では、落選運動は、そもそも選挙運動ではないことになります。落選運動は、「特定の候補者」の「落選」を「目的」としており、「特定の候補者の当選を目的」としてはいないし、「特定の候補者」に「投票を得または得させるための行為」とは言えないからです。ですから、公職選挙法上、落選運動は選挙運動ではないのです。それゆえ、選挙運動期間以外でも落選運動は行えるのです。今から「落選運動」を開始しても、公選法が禁止している事前運動には該当しないのです。

## 「選挙の期日の公示又は告示があった日」までは誰が立候補するか不明

以上のように、「落選運動」は選挙運動ではないのですが、例えば「落選運動」の対象が1人で、各選挙区の当選者数（議員定数）の1人多くしか立候補していなかった選挙区（1人区で2人立候補、2人区で3人立候補、3人区で4人立候補）で、「落選運動」の対象者1人の落選を目的とした運動（便宜的に**「1人落選区1人落選運動」**という）は、「ほかの立候補全員の当選を目的とした間接的な選挙運動」になるのではないか、と疑問を抱く方もあるかもしれません。

これについては後で検討し解説しますが、かりにここでは選挙運動になると仮定しても、「選挙の期日の公示又は告示があった日」までは、立候補者が何名になるのかは確定的には誰にもわかりません。マスコミの事前の取材に基づく報道で立候補者の顔ぶれと人数が予想できたとしても、立候補者の人数が確定するのは「選挙の期日の公示又は告示があった日」です。マスコミに知らせなかったり、マスコミの取材に応じなかったり、あるいは急遽立候補を決断した者があれば、マスコミの事前報道は当たらず、外れることになります。

ですから、「落選運動」は、どの選挙区においても、「選挙の期日の公示又は告示があった日」までは選挙運動ではなく、公選法が禁止している事前運動ではない以上、行えることになります。

## 落選運動における注意点その1（事前運動の禁止に抵触しないように）

ただし、落選運動には注意すべき点があります。

すでに解説したように公職選挙法は、選挙期間に入る前の選挙運動（事前運動）を禁止していますので、「特定の候補者の当選」を目指す予定の選挙運動体そのものが、選挙期間に入る前から「特定の候補者の落選」を目指す落選運動を展開し、あるいは「特定の候補者の落選」を目指す落選運動体を結成して落選運動を行うと、事前運動の禁止に抵触するとして取り締まりの対象になる恐れがあるので、そのようなことにならないよう、くれぐれも注意する必要があります。

ですから、「特定の候補者の当選」を目指す予定の選挙運動体は、選挙期間に入る前から「特定の候補者の落選」を目指す落選運動を展開しないこと、「特定の候補者の落選」を目指す落選運動体を結成しないこと、これを遵守してください。

また、落選運動の主体（団体・個人）は、選挙期間に入る前も、選挙期間中も、「特定の候補者」を推薦するなどの行動（選挙運動）を慎まなければならないし、そのことに注意・厳守して落選運動を続けなければなりません。

## 落選運動における注意点その2（政治団体の届出をする）

落選運動をするために独自の団体を結成して落選運動をする場合あるいは既存の団体で今後落選運動を主たる活動として組織的かつ継続的に行うことにした場合には、政治団体の届出をする必要があります（既存の団体が一時的に落選運動をする場合、純粋に個人で落選運動を行う場合は、その必要がありません）。

政治資金規正法第3条第1項は、次に掲げる団体を「政治団体」と定めています（傍線は筆者による）。

1　政治上の主義若しくは施策を推進し、支持し、又はこれに反対することを本来の目的とする

団体
2　特定の公職の候補者を推薦し、支持し、又はこれに反対することを本来の目的とする団体
3　前2号に掲げるもののほか、次に掲げる活動をその主たる活動として組織的かつ継続的に行う団体
イ　政治上の主義若しくは施策を推進し、支持し、又はこれに反対すること。
ロ　特定の公職の候補者を推薦し、支持し、又はこれに反対すること。

そして、同法は、「政治団体の組織の日から7日以内」に「都道府県の選挙管理委員会又は総務大臣」に、次の事項を届け出、および次文書を提出しなければならない、と定めています（第6条）

・政治団体の目的、名称、主たる事務所の所在地、主としてその活動を行う区域、
・政治団体の代表者、会計責任者及び会計責任者に事故があり又は会計責任者が欠けた場合にその職務を行うべき者それぞれ一人の氏名、住所、生年月日及び選任年月日。
・綱領、党則、規約その他の政令で定める文書。

なお、提出先は、「都道府県の区域において主としてその活動を行う政治団体」は、「主たる事務所の所在地の都道府県の選挙管理委員会」で、「2以上の都道府県の区域にわたり、又は主たる事務所の所在地の都道府県の区域外の地域において、主としてその活動を行う政治団体」は、「主たる事務所の所在地の都道府県の選挙管理委員会を経て総務大臣」です。

そして、くれぐれも注意しなければならないことは、政治資金規正法が、「政治団体は、第6条第1項の規定による届出がされた後でなければ、政治活動（……）のために、いかなる名義をもってするを問わず、寄附を受け、又は支出をすることができない」と定め（第8条）、「政治団体が第8条の規定に違反して寄附を受け又は支出をしたときは、当該政治団体の役職員又は構成員として当該違反行為をした者は、5年以下の禁錮又は100万円以下の罰金に処する」と定めていることです（第23条）。

ですから、落選運動をする政治団体が寄付を集め、支出をするのであれば、必ず政治団体の届出をする必要があるのです（寄付を集めることも支出をすることもなければ、政治団体の届出を怠っても、罰則は課されません）。

## 落選運動における注意点その3（政治資金収支報告書を提出する）

届出をした政治団体の場合、その会計責任者は、会計帳簿を備えなければなりませんし（同法第9条）、翌年3月末までに政治資金収支報告書を「都道府県の選挙管理委員会又は総務大臣」に提出しなければなりません（第12条）。政治団体を解散した場合も同様です（第17条）。

当該政治資金収支報告書を提出しない、あるいは虚偽記載をすると、同法は、「5年以下の禁錮又は100万円以下の罰金に処する」と定められています（第25条）ので、くれぐれも注意してください。

## 選挙期間に入る前の「落選運動」と選挙期間中の落選運動

立候補者の顔ぶれと人数が確定するのは「選挙の期日の公示又は告示があった日」です。立候補すると予想された国会議員は実際に立候補するケースが多いでしょうが、その全員が立候補するとは限りません。ですから、実際には立候補しないこともありうるのです。

それまで「落選運動」の対象になっていた国会議員全員が実際に立候補するとは限らないのですから、それまでの「落選運動」は、実は、文字通りの意味での落選運動ではないことなります。

その際、それまでの「落選運動」が当該国会議員の立候補断念を決断させる場合もありますので、その意味では、それまでの「落選運動」は、広義の落選運動と表現することも可能でしょうが、当初から引退予定だった場合もありますので、その場合には、やはり文字通りの意味での落選運動ではないことなります。

いずれにせよ、厳密な意味での落選運動は、選挙期間中に入ってからの運動ということになります。

## 選挙期間も落選運動が行える場合

では、選挙期間中、落選運動は自由に行えるのでしょうか？

できるだけわかりやすい例をあげて一つひとつ確認してゆきましょう。

例えば落選運動の対象が1人で、各選挙区の当選者数（議員定数）の2人以上多く立候補した選挙区の場合（1人区で3人以上立候補、2人区で4人以上立候補、3人区で5人以上立候補、4人区で6人以上立候補など）には、選挙期間中でも落選運動ができるということは、明らかです（便宜的に**「複数人落選区1人落選運動」**という）。

この場合、落選運動の対象者である1人以外のうち、もう1人以上が落選することになり、落選運動の対象者1人以外の全ての立候補者が当選するわけではないからです。言い換えれば、この場合の落選運動は、特定の候補者の当選を間接的にも目的にしているとは言えないのです。

ですから、**「複数人落選区1人落選運動」**は、選挙期間に入る前だけではなく、選挙期間中も行うことができ、投票日もできることになります。

では次に、例えば落選運動の対象が2人で、各選挙区の当選者数（議員定数）の2人多く立候補した選挙区の場合（1人区で3人立候補、2人区で4人立候補、3人区で5人立候補、4人区で6人立候補）、選挙期間中でも落選運動はできるのでしょうか？

この場合、①落選運動を行っている個人あるいは団体が落選運動の対象をそれぞれ2人明示し、その2人が同一であるとき（便宜的に**「2人落選区2人同一落選運動」**という）と、②落選運動を行っている個人・団体が複数あり、それぞれの落選運動の対象を1人明示しているものの、その対象が異なり、合わせて対象が2人になるとき（便宜的に**「2人落選区各1人計2人落選運動」**という）がありえます（前述したように「安保関連法案の成立に賛成した議員」の落選運動だけではなく、全く別の論点で賛成または反対した議員の落選運動もあるからです）。

このうち、①の「2人落選区2人同一落選運動」については後で検討しますが、②の**「2人落選区各1人計2人落選運動」**については、落選運動を行っている各個人・団体の対象が1人で、それぞれ独立して運動をしている以上、各個人・団体は、それぞれ落選運動を行うことができることに

〈1人落選区1人落選運動〉

※矢印の先は
落選運動対象者を示す

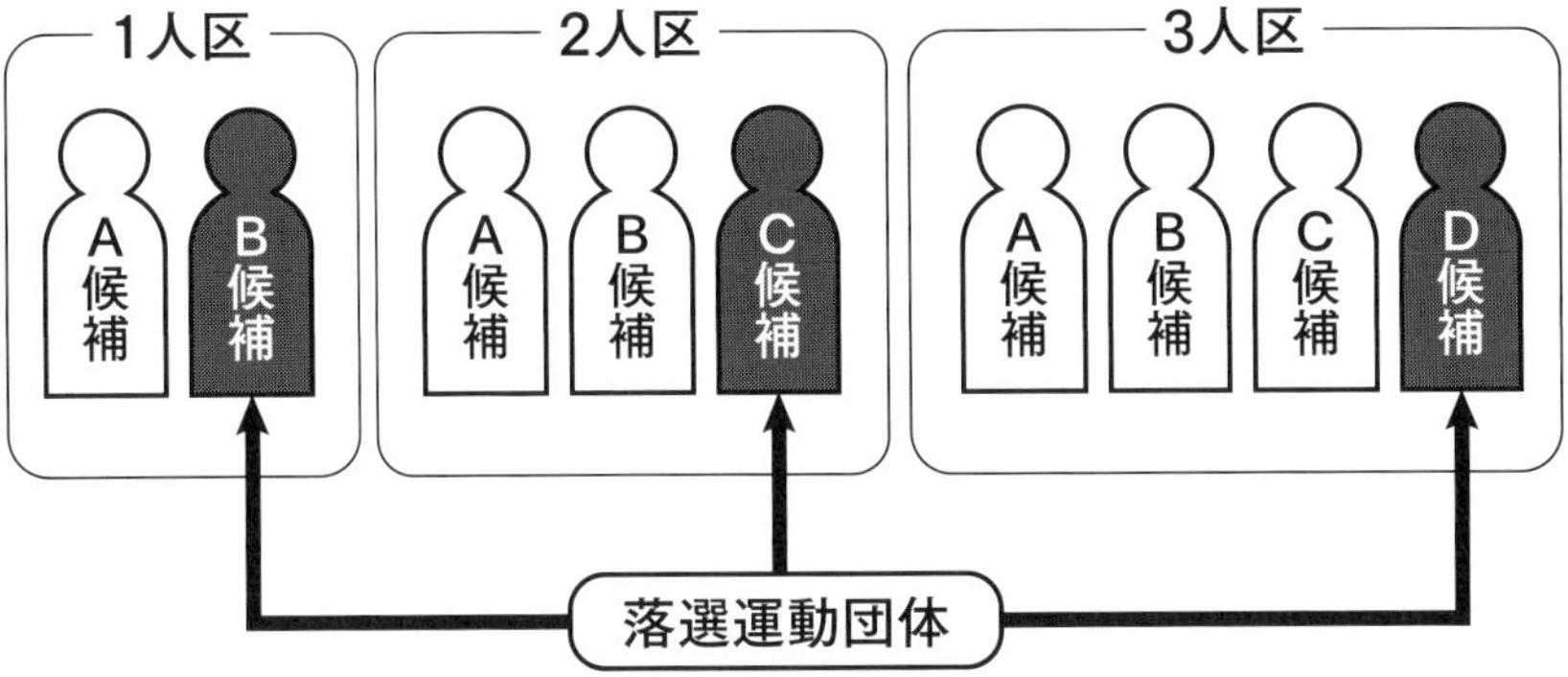


〈複数人落選区1人落選運動〉

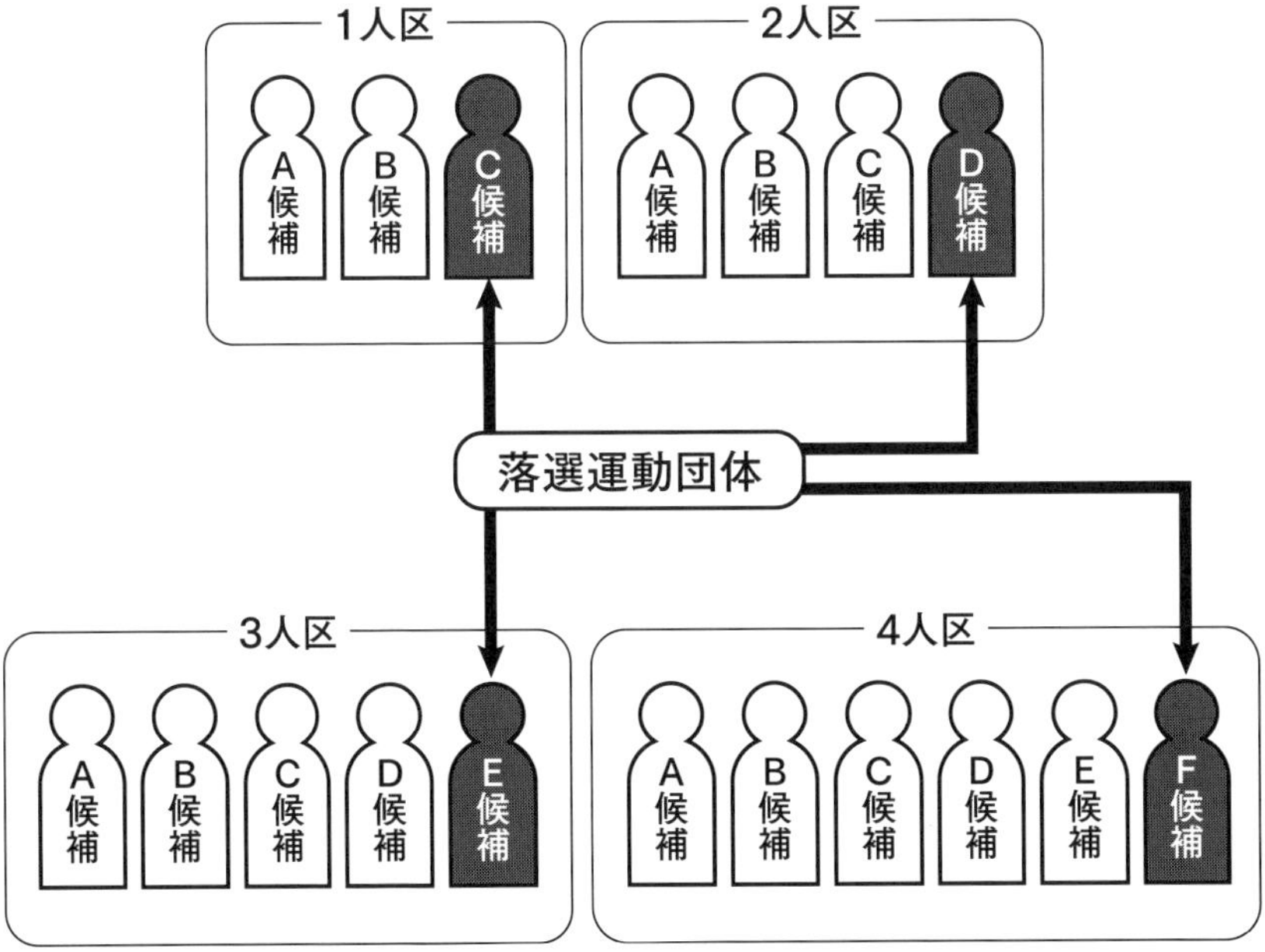


落選運動対象者以外の候補も落選する

〈2人落選区2人同一落選運動〉

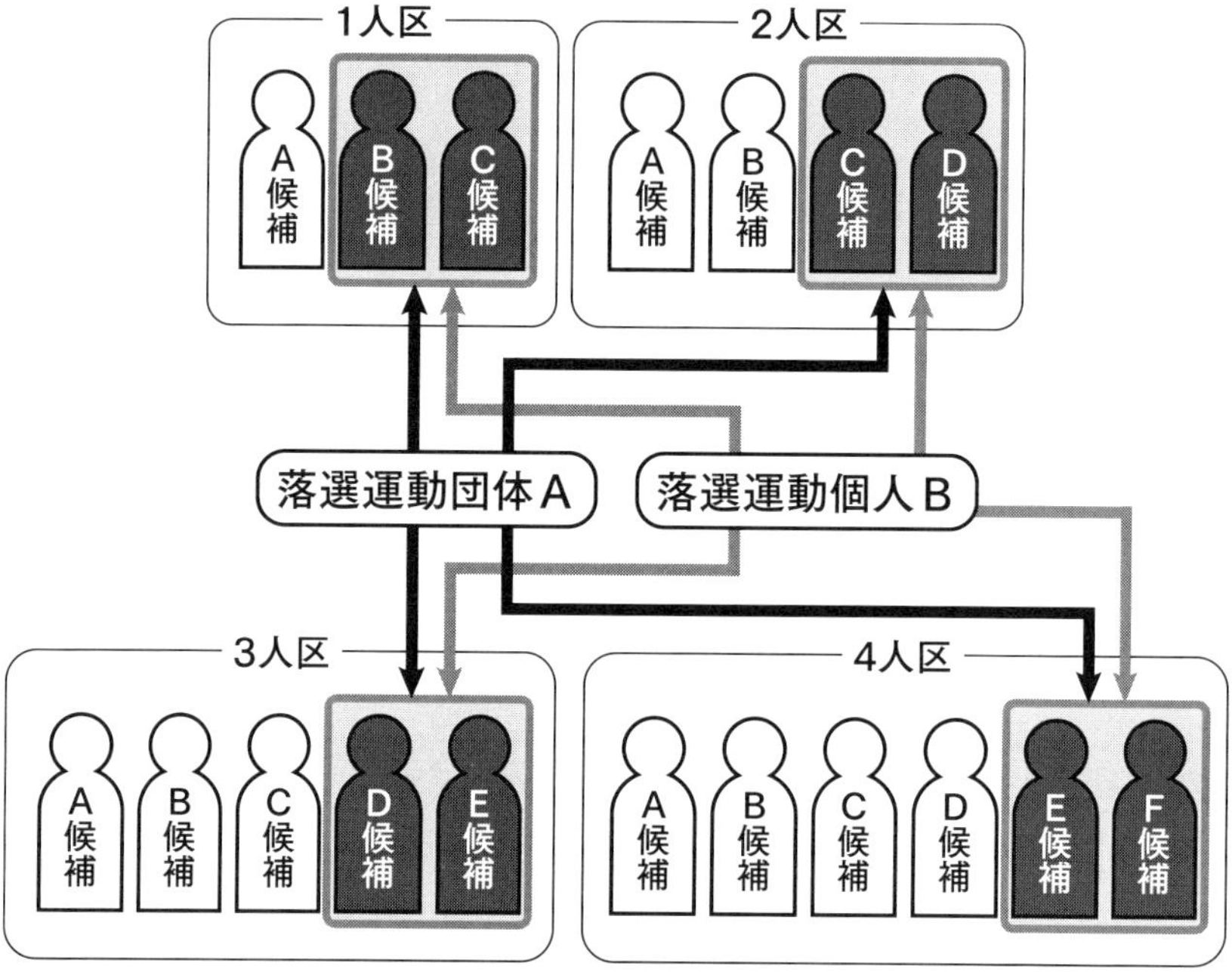


複数の落選運動をすすめる団体・個人の対象者が同じ場合

なります。つまり、選挙期間に入る前だけではなく、選挙期間中も行え、投票日も行えることになります。

以上のように**「2人落選区各1人計2人落選運動」**が選挙期間中も行え、投票日も行えるということは、落選運動が複数あり、**「3人落選区各1人計3人落選運動」**や**「3人落選区各2人計3人以上落選運動」**など一つの落選運動の対象が全員落選しても、そのほかの全員が当選するわけではなく、その対象外の者も落選する場合にも、同様に選挙期間に入る前だけではなく、選挙期間中も行え、投票日も行えることになります。

さらに、**比例代表選挙**の場合に

〈2人落選区各1人計2人落選運動〉

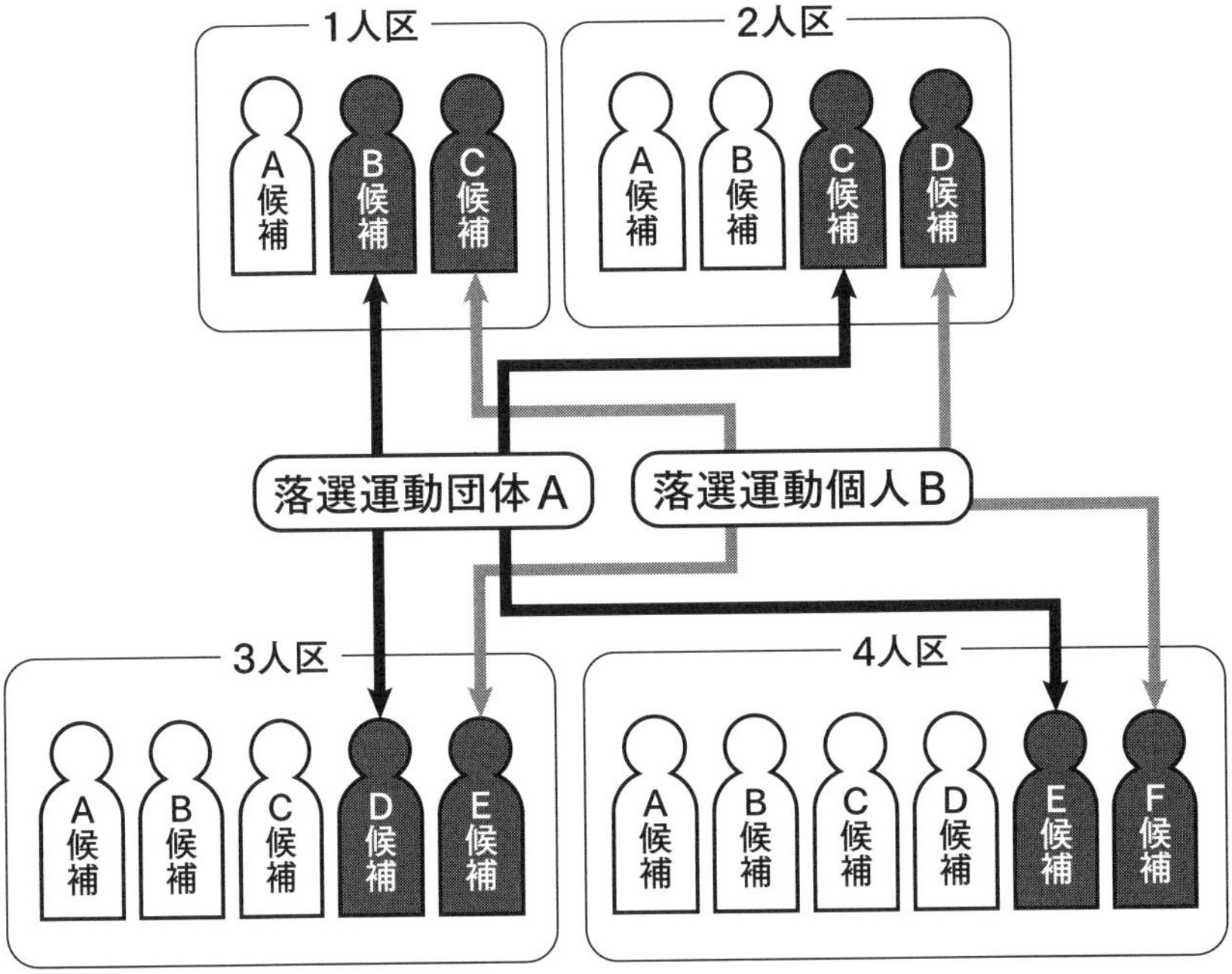


2つの団体個人が別々に1人を対象とする

は、立候補者数が多く、落選運動の対象者全員が落選しても、それ以外の全員が当選することは一般にありえないので、選挙期間に入る前だけではなく、選挙期間中も落選運動ができ、投票日も落選運動ができることになります。

**改正公選法が確認したインターネット落選運動**

では、後で検討するとした、「**1人落選区1人落選運動**」（落選運動の対象が1人で、各選挙区の当選者数（議員定数）の1人多くしか立候補していなかった選挙区で落選運動の対象者を1人とした運動）や「**2人落選区2人同一落選運動**」（落選運動の対象が2人で、各選挙区の当選者数（議員定数）の2人多く立候補した選挙区で落選運動の対象を2人明示し、2人が同一である落選運動）は、選挙期間中でも落選運動はできるのでしょうか？

これを検討する際には、その運動の一部につき明文規定した改正公選法が参考になりそうです。改正公職選挙法は、インターネット等の利用を認め、それによる、「選挙運動」（第142条の6）と「当選を得させないための活動」（第142条の5）つまり落選運動とを明確に区分し、選挙期間中の落選運動をその限りで認めているのです。

より正確に言えば、第142条の5第1項では、「選挙の期日の公示又は告示の日からその選挙の当日までの間に、ウェブサイト等を利用する方法により当選を得させないための活動に使用する文書図画を頒布する者」は、「その者の電子メールアドレス等が、当該文書図画に係る電気通信の受信をする者が使用する通信端末機器の映像面に正しく表示されるようにしなければならない」と定め、同条第2項では、「選挙の期日の公示又は告示の日からその選挙の当日までの間に、電子メールを利用する方法により当選を得させないための活動に使用する文書図画を頒布する者は、当該文書図画にその者の電子メールアドレス及び氏名又は名称を正しく表示しなければならない」と定めています。

これらの定めにより、公選法は、選挙期間中の「ウェブサイト等を利用する方法」と「電子メールを利用する方法」により「当選を得させないための活動」（すなわち文字通りの落選運動）を認めているのです。

ここで注目でき、注目しなければならないことは、その際に、「1人落選区1人落選運動」や「2人落選区2人同一落選運動」を排除せず、その限りで当該落選運動を選挙運動とみなして禁止してはいない、ということです。

つまり、公選法は、少なくとも、選挙期間中の「ウェブサイト等を利用する方法」と「電子メールを利用する方法」による「1人落選区1人落選運動」や「2人落選区2人同一落選運動」も認めていると理解できるのです。

## ウェブサイト等・電子メールを用いていない落選運動も可能

では、選挙期間中の「ウェブサイト等を利用する方法」と「電子メールを利用する方法」によらない**「1人落選区1人落選運動」**や**「2人落選区2人同一落選運動」**は、選挙運動になるとして認めていないのでしょうか？

これを考える前提として、「ウェブサイト等・電子メールを用いていない落選運動」そのものは、規制されているのかどうか、を確認しましょう。

これにつき、「インターネット選挙運動等に関する各党協議会」の作成した「改正公職選挙法（インターネット選挙運動解禁）ガイドライン（第1版：平成25年4月26日）」は、「問18」の回答において、「ある候補者の落選を目的とする行為であっても、それが他の候補者の当選を図ることを目的とするものであれば、選挙運動となる」と解説する一方、「本改正における『当選を得させないための活動』とは、……単に特定の候補者（必ずしも1人の場合に限られない）の落選のみを図る活動を念頭に置いており、本ガイドラインでは、当該活動を「落選運動」ということとする」と解説しています。

また、「問4」の回答における「本改正後における選挙運動・政治活動の可否一覧」および「※5」で

「ウェブサイト等・電子メールを用いた落選運動」につき「現行どおり、規制されない。ただし、新たに表示義務が課される」と解説しています（http://www.soumu.go.jp/main_content/000222706.pdf）。

つまり、「ウェブサイト等・電子メールを用いた落選運動」そのものは、改正公選法によって初めて認めら（保障さ）れたものではなく、改正前から認めら（保障さ）れている、ということです。また、「単に特定の候補者の落選のみを図る活動を念頭」に置いている「落選運動」は、「ウェブサイト等・電子メールを用いていない落選運動」を排除するものではなく、むしろ含むことは明らかですから、後者の落選運動も現行の公選法は規制されてはいない、ということになります。

そのうえ、「1人落選区1人落選運動」や「2人落選区2人同一落選運動」が選挙運動になると明示して解説してもいません。

となると、前述したように、選挙運動は、そもそも「特定の候補者の当選を目的」としていますが、落選運動は常に、そのような目的があるとは断言できませんし、選挙期間中の「ウェブサイト等を利用する方法」と「電子メールを利用する方法」によらない「1人落選区1人落選運動」や「2人落選区2人同一落選運動」も、「それが他の候補者の当選を図ることを目的とするもの」と明言できなければ、選挙運動にはならないとして認められ（保障され）ている、という結論になります。

この点では、前掲の札幌高裁1953年（昭和28）6月4日判決（高等裁判所刑事判例集6巻5号749頁）が次のように判示していることは、大いに参考になるでしょう。

「同法第146条は…法条の脱法行為を禁止する趣旨、すなわち、外見上選挙運動のためでないような文書図画を、その外見に藉口して、第142条の制限外に頒布し、以って選挙運動の目的を不法に違することを禁止するものと解すべきである。故に頒布行為が同条に違反すると云うがためには、一定の公職の候補者を当選させる目的（文書自体に明にあらわれていない目的）がなければならない。かく解して本件の起訴状を見ると、これには昭和27年10月5日施行のA教育委員選挙に際して立候補したBの名をB医師と表示した『悪質ボスを村にはびこらすな！』と題する印刷物多数を頒布した旨記載されているが、……頒布行為がB候補者の当選を目的としたものでないことは……記載自体によっても明かである。然らば何人の当選を目的としたものであるか、起訴状にはこの点につき明確な記載はなく、またこれを推知させる記載もない。本件の起訴状の訴因の記載は不十分と云わねばならぬ。この点を釈明して被告人の防禦にも遺憾なからしめた上でなければ判決はできないわけである。」

また、選挙期間中の「ウェブサイト等を利用する方法」と「電子メールを利用する方法」によらない「1人落選区1人落選運動」や「2人落選区2人同一落選運動」では、たとえ「特定の候補者の当選を目的としている」と認定されたとしても、選挙運動は、そもそも落選運動の対象者とは別の「特定の候補者」に「投票を得または得させるための行為」でなければなりませんので、落選運動は「特定の候補者」に「投票を得または得させるための行為」とは断言できません。

というのは、憲法は投票の強制（法的義務づけ）を禁止し、投票の自由を保障しているため、有権者は必ず投票するとは限らず棄権することもあれば、また、投票したとしても無効票を投じることもあるからです。「1人落選区1人落選運動」や「2人落選区2人同一落選運動」も、落選運動の対象である候補者への投票がなされないようにする運動にとどまり、必然的に、落選運動の対象外の立候補者に投票を得させる選挙運動になるわけではないからです。

## 落選運動と選挙運動との峻別（両運動の峻別）

すでに説明したように、公職選挙法は、選挙運動についての事前運動を禁止し、選挙期間中のインターネット等による選挙運動と落選運動を区別している（さらに、後で説明するように選挙期間中は選挙運動と政治活動を区別して異なる規制がある）以上、特定の候補者の当選を目指す選挙運動体と特定の候補者の落選を目指す落選運動体とは峻別し、かつそれぞれが独立して運動を展開する必要があります。

また、公選法は、「選挙に関しインターネット等を利用する者は、公職の候補者に対して悪質な誹謗中傷をする等表現の自由を濫用して選挙の公正を害することがないよう、インターネット等の適正な利用に努めなければならない」と定めています（第142条の7）。したがって、落選運動では、選挙期間中、「公職の候補者に対して悪質な誹謗中傷をする等」をすることのないよう、くれぐれも注意すべきです。

## 選挙期間中の「政治活動」規制を受けるのか？

では、「選挙期間中の落選運動」は、インターネット等における規制のほかにも、何らかの規制を受けるのでしょうか？

実は、公職選挙法は「政党その他の政治団体等の選挙における政治活動」に対し一定の規制を加えています（第14章の3）。また、政治活動とは「政治上の主義施策を推進し、支持し、若しくはこれに反対し、又は公職の候補者を推薦し、支持し、若しくはこれに反対することを目的として行う行為」を意味しています。それゆえ、落選運動は、公選法上選挙運動ではないとしても「政治活動」なので、公選法上の規制を受けるのかどうか、検討をする必要があるのです。

## 選挙期間中に「政治活動」を規制する理由

本来、言論により政治活動を行うことは、集会、結社及び言論、出版その他の表現の自由として、憲法で保障された基本的人権の1つですから、選挙運動に対する規制と同様の規制を政治活動に対して加えることは、憲法で保障された基本的人権の制限となり妥当ではありません。

しかし、「政党その他の政治団体」が、選挙運動に対し規制されている選挙期間中に政治活動を行った場合、選挙運動と政治活動は区分するのが難いのが現実です。したがって、「政党その他の政治団体」の「政治活動」についても、公職選挙法は「選挙運動規制の補完」として規制しているのです（その合憲性問題についても、ここでは論じません）。

## 選挙期間中でも規制されない「個人の政治活動」

選挙期間中、政治活動の規制の対象となるのは、「政党その他の政治活動を行う団体」の政治活動です（ただし、後述するように「確認団体」「推薦団体」の場合は別です）。

したがって、「個人の行う政治活動」は、規制の対象外であり、たとえ選挙期間中であっても、選挙運動ではない純然たる政治活動であり、かつ、それが個人の活動として行われる限り、全く自由に行うことができるのです。ですから、落選運動も、個人で行う限り、自由であり公選法の規制を受けないのです（土本・前掲書294頁）。

ただし、繰り返し述べておきますが、落選運動を行う個人は、決して同時に「特定の選挙について、特定の候補者の当選を目的として、投票を得又は得させるために、直接又は間接に必要かつ有利な行為」である「選挙運動」を行わないで、落選運動に専念する必要があります。そうしなければ、その落選運動は捜査機関に選挙運動だとみなされてしまうからです。

## 規制されている「政党その他の政治活動を行う団体」とは？

では、選挙期間中、政治活動の規制を受ける対象である「政党その他の政治活動を行う団体」とは、どのような団体なのでしょうか？

まず、「政党」が規制の対象であることは、一応文言上明白です。これは、「政治活動を行う全ての団体」検討を要するのは、「その他の政治活動を行う団体」です。これは、「政治活動を行う全ての団体」なのか、「選挙運動をしている団体」に限定されるのか、疑問が生じます（実は、「政党」の場合も同様です）。

前述した規制理由から考えると、規制されるのは、「政治活動を行う全ての団体」ではなく、「選挙運動をしている団体」に限定されるという立場が妥当であるように思えますが、一般には、そうではないようです。

まず、政治活動の規制を受ける対象である「政党その他の政治活動を行う団体」とは、すでに紹介した「政治資金規正法第3条第1項に規定する政治団体」を含みます。

次に、公選法の政治活動の規制を受ける対象である「政党その他の政治活動を行う団体」は、専門家の解説書によると、政治資金規正法第3条第1項に規定する政治団体だけではなく、もっと広く理解されています（土本・前掲書294－296頁、選挙制度研究会編・前掲書263－264頁）。

団体の目的の点で言えば、「政治活動をすることをその主たる目的としないものであっても、副次的に政治活動を目的とする団体」も、政治活動の規制を受ける「政治活動を行う団体」です。それゆえ、副次的に政治活動を行うことを目的とする経済団体・労働団体・文化団体等も、含まれます（選挙制度研究会編・前掲書264頁）。

また、活動の実態の点で言えば、「政治活動をすることをその主たる活動として組織的かつ継続的に行うものでなくても、政治活動をその従たる活動としてある程度組織的継続的に行う団体」も、政治活動の規制を受ける「政治活動を行う団体」なのです。

ただし、団体で「政治活動を単に一時的な行為として行っただけのもの」は、政治活動の規制を受ける「政治活動を行う団体」ではないと理解されています。

## 政治活動の規制される選挙の種類

以上のような「政党その他の政治活動を行う団体」が政治活動の規制を受けるときの選挙とは、次の①～⑥の選挙です。

①衆議院議員の総選挙、再選挙及び補欠選挙

②参議院議員の通常選挙、再選挙及び補欠選挙

③都道府県の議会の議員の一般選挙、再選挙、補欠選挙及び増員選挙

④指定都市の議会の議員の一般選挙、再選挙、補欠選挙及び増員選挙

⑤都道府県知事の選挙

⑥市長の選挙

もっとも、連呼行為や、掲示又は頒布する文書図画へ当該選挙区の特定の候補者の氏名又は氏名が類推される事項を記載すること、国又は地方公共団体が所有し又は管理する建物において文書図画（新聞紙及び雑誌を除く）の頒布をすることは、町村の議会の選挙を含むすべての選挙において行うことはできません（公職選挙法第２０１条の13）。

## 政治活動規制の時間・場所の範囲

以上の選挙期間中において「政党その他の政治活動を行う団体」が規制を受ける時間的範囲は、「選挙の期日の公示の日から選挙の当日までの間」です。ですから、投票日も含みます。

また、その場所的範囲は、衆議院議員の総選挙及び参議院議員の通常選挙においては全国を通じて規制を受けますが、その他の規制を受ける選挙については、それぞれの選挙の行われる区域においてしか規制を受けません。

## 規制される政治活動の方法

選挙期間中「政党その他の政治活動を行う団体」が規制される政治活動とは、態様や効果の点で「選挙運動と紛らわしいもの」であり、次の①～⑩の方法によるものが規制されます。

①政談演説会の開催
②街頭政談演説の開催
③ポスターの掲示
④立札及び看板の類の掲示（ただし、政党その他の政治団体の本部又は支部の事務所において掲示するものを除く）
⑤ビラ（これに類する文書図画を含む）の頒布
⑥政策の普及宣伝（政党その他の政治活動を行う団体の発行する新聞紙、雑誌、書籍及びパンフレットの普及宣伝を含む）及び演説の告知のための自動車及び拡声器の使用
⑦機関新聞紙及び雑誌に選挙に関する報道、評論を掲載して頒布し、又は掲示すること
⑧連呼行為
⑨掲示又は頒布する文書図画（ただし、新聞紙及び雑誌を除く）における特定候補者の氏名等の記載
⑩国又は地方公共団体が所有し又は管理する建物（ただし、専ら職員の居住の用に供されているもの及び公営住宅を除く）における文書図画（ただし、新聞紙及び雑誌を除く）の頒布（ただし、郵便等又は新聞折込みの方法による頒布を除く）

## 「確認団体」・「推薦団体」は一定の範囲内で政治活動できる

ただし、「政党その他の政治活動を行う団体」であっても、いわゆる「確認団体」（参議院議員、知事、県議会議員及び市長に係る選挙において、所属候補者数等の一定の要件を満たす政治団体）や「推薦団体」（参議院議員選挙において確認団体に所属しない候補者を推薦・支持することについて認められた政治団体）の場合には、選挙の当日を除き（ただし、選挙当日も可能な政治活動が例外としてあります）一定の範囲内で政治活動が行えます（詳細は省略します）。

## 全く自由に行える政治活動の方法など

以上が選挙期間中「政党その他の政治活動を行う団体」が規制される政治活動の方法です。

もっとも、言い換えれば、以上で禁止されているもの以外の手段による政治活動は、全く自由に行うことができます。

ですから、例えば、「政党その他の政治活動を行う団体」が、「選挙の期日の公示の日から選挙の当日までの間」に、新聞紙又は雑誌による広告や、テレビ等による政治活動を行うことは、選挙運動でない限り、全く自由であり、何ら規制されません。また、落選運動をインターネット等で行う団体や個人の場合には、上記の規制は全く関係がありません。

## 一般的論評は規制されず自由

落選運動をしている個人だけではなく、落選運動をしている団体が、「特定の候補者」について言及せずに、一般的な政治的発言・論評をすることは、公選法の規制の対象外であり、自由です。「インターネット選挙運動等に関する各党協議会」の作成した「改正公職選挙法（インターネット選挙運動解禁）ガイドライン（第1版：平成25年4月26日）」における「問18」の回答も、「一般論としては、一般的な論評に過ぎないと認められる行為は、選挙運動及び落選運動のいずれにも当たらないと考えられる」と解説しています（http://www.soumu.go.jp/main_content/000222706.pdf）

したがって、「特定の候補者」について言及しない一般的論評等を行うことは、その内容が政治的なものであっても、公職選挙法の規制の対象外であり、各個人、各団体の自由です。

## 18歳選挙権と18歳以上の未成年者の選挙運動の保障

日本国憲法は、公務員を選定・罷免する権利を「国民固有の権利」とし、「公務員の選挙」については、「成年者による普通選挙」を保障しています（第15条第1項・第3項）。公職選挙法は、公職についての選挙権の最低年齢につき、周知のように「20歳」と定めてきました。

しかし、それを「18歳」に引き下げる公職選挙法改正案が今年（2015年）6月17日に成立し、来年の参議院議員通常選挙から18歳以上の未成年者にも選挙権が保障されることになりました。

未成年者の選挙運動を原則として禁止していた公職選挙法は、その関係でも改正され、18歳以上の未成年者も選挙運動ができることになりました。

## 文部省は高校生の政治活動を認めてこなかった

文部省（当時）は、１９６９年に、「学校の教育活動の場で生徒が政治的活動を行なうことを黙認することは、学校の政治的中立性について規定する教育基本法……の趣旨に反することとなるから、これを禁止しなければならないことはいうまでもないが、特に教育的な観点からみて生徒の政治的活動が望ましくない」し、「放課後、休日等に学校外で行なわれる生徒の政治的活動は、一般人にとつては自由である政治的活動であっても、……生徒が心身ともに発達の過程にあって、学校の指導のもとに政治的教養の基礎をつちかっている段階であることなどにかんがみ、学校が教育上の観点から望ましくない」として、高校生の政治活動をほとんど認めていませんでした（「高等学校における政治的教養と政治的活動について」昭和44年10月31日文部省初等中等教育局長通知http://www.mext.go.jp/b_menu/shingi/chousa/shotou/118/shiryo/attach/1363604.htm）。

## 文部科学省が認める高校生の政治活動

しかし、公職選挙法が前述したように18歳以上の未成年者の選挙権と選挙運動を保障したため、文部科学省は、高校生の政治活動について一定の見直しを行うことにしたのです。

すなわち、１９６９年の上記通達を廃止し、「生徒の政治的活動等は、家庭の理解の下、生徒が判断し行うものである」とする、新たな通達を行うようなのです（「政治的教養の教育と生徒による政治的活動等に係る通知（案）」http://www.mext.go.jp/b_menu/shingi/chousa/shotou/118/shiryo/attach/1363104.htm）。

ここで注意しなければならないことは、高校生の政治活動を次のように全面的に認めているわけではない、ということです（ここでは以上の通達内容に対する憲法上の評価は行いません）。

①「学校の教育活動として、生徒が政治的活動等を行うこと」は、「禁止」されたままなのです。

②「放課後や休日等」における「学校の構内」で行われる政治活動は、「学校施設の物的管理の上での支障等が生じないよう、制限又は禁止」されているのです。

③「放課後や休日等」に「学校の構外で行われる政治的活動」については、「違法なもの等」や「学業や生活に支障があると認められる場合など」は「禁止」されているのです。

上記②については、高校生が構内で政治活動できる場合と政治活動できない場合がありそうです。「学校施設の物的管理の上での支障等が生じ」るかどうかの判断で、高校生の政治活動を認めるかどうか結論が決まることになるので、各高等学校は、当該「支障等」生じると結論づけるには個々具体的に当該「支障等」を説明できなければならず、抽象的な判断をしてはいけないし、当該「支障等」を個々具体的に説明できなければ高校生の政治活動を認めるべきです。

それゆえ、各高校がどのように判断するのか、注目されます。

以上に基づいて「高校生の政治活動」についての文部科学省の見解をまとめると、以下のようになります。

・「学校の教育活動」としては、「生徒が政治的活動等を行うこと」はできない。

・「学校の構外で行われる政治的活動」については、「違法なもの等」や「学業や生活に支障があると認められる場合など」はできないものの、それ以外は「家庭の理解の下、生徒が判断」して行うことができる。

・「放課後や休日等」に「学校の構内」で行われる政治活動については、「学校施設の物的管理の上での支障等」が生じればできないが、「学校施設の物的管理の上での支障等」が生じなければ、行うことができる。

以上における「高校生が行える政治活動」から落選運動を除外しなければならない特別の理由はないでしょう。ですから、高校生が政治活動を行えるときには落選運動も行える、ということになります。

## 「べからず選挙法」の改正は将来の課題

以上、落選運動の法的根拠とその規制の有無等について検討・確認しました。そこでの結論は、すべて、現行の公職選挙法や文部科学省の通達を前提としていますから、同法および通達による規制の有無と規制内容を前提にしています。

多分このような立場に対しては、〝現行の公職選挙法は、いわゆる「べからず選挙法」で憲法違反の規制が含まれており、したがって前述の規制についても憲法違反のものが含まれているから、落選運動は、そのように規制に従う必要はない〟との立場があるでしょう(文部科学省の通達についても同様です)。

確かに、憲法論・人権(権利)論としては、その通りなのですが、今回の落選運動は、安保関連法に賛成した国会議員を落選させるという一点で、これまでにない新たな運動が芽生え大きく育ってゆきそうだからこそ、この落選運動に水を差してはならないでしょう。万が一逮捕者や家宅捜索を受け、この落選運動に大きなブレーキがかかり、運動が萎んでしまうことのないよう細心の注意を払う必要があると思うのです（現行の規制とその取締りを積極的に要求するものでもありませんし、私の解説よりも実際にはもう少し自由に落選運動ができる可能性がありますので、この点に熟知した弁護士に相談してみてください）。

ですから、今回の落選運動では「べからず選挙法」における合憲性問題の検討とその改善は次の課題に残しておくことにして、現行の公職選挙法の枠内で落選運動を大きく育てたいと心より願い、落選運動の法的根拠の解説を行った次第です。

# 安保法案（戦争法案）に賛成した148人の参議院議員（2015年9月19日本会議採決）

（網掛け）は2016年7月任期満了議員

| | 選挙区 | 政党 | 氏名 | 任期満了 |
|---|---|---|---|---|
| 1 | 北海道 | 自民 | 伊達 忠一 | 2019/7/28 |
| 2 | 北海道 | 自民 | 長谷川 岳 | 2016/7/25 |
| 3 | 青森1 | 自民 | 滝沢 求 | 2019/7/28 |
| 4 | 青森 | 自民 | 山崎 力 | 2016/7/25 |
| 5 | 岩手 | 無 | 平野 達男 | 2019/7/28 |
| 6 | 宮城 | 自民 | 愛知 治郎 | 2019/7/28 |
| 7 | 宮城1 | 自民 | 熊谷 大 | 2016/7/25 |
| 8 | 宮城 | 次代 | 和田 政宗 | 2019/7/28 |
| 9 | 秋田 | 自民 | 石井 浩郎 | 2016/7/25 |
| 10 | 秋田1 | 自民 | 中泉 松司 | 2019/7/28 |
| 11 | 山形 | 自民 | 大沼 瑞穂 | 2019/7/28 |
| 12 | 山形 | 自民 | 岸 宏一 | 2016/7/25 |
| 13 | 福島 | 自民 | 岩城 光英 | 2016/7/25 |
| 14 | 福島 | 自民 | 森 まさこ | 2019/7/28 |
| 15 | 茨城 | 自民 | 岡田 広 | 2016/7/25 |
| 16 | 茨城 | 自民 | 上月 良祐 | 2019/7/28 |
| 17 | 栃木 | 自民 | 上野 通子 | 2016/7/25 |
| 18 | 栃木 | 自民 | 高橋 克法 | 2019/7/28 |
| 19 | 群馬 | 自民 | 中曽根 弘文 | 2016/7/25 |
| 20 | 群馬 | 自民 | 山本 一太 | 2019/7/28 |
| 21 | 埼玉 | 自民 | 関口 昌一 | 2016/7/25 |
| 22 | 埼玉 | 自民 | 古川 俊治 | 2019/7/28 |
| 23 | 埼玉 | 公明 | 西田 実仁 | 2016/7/25 |
| 24 | 埼玉 | 公明 | 矢倉 克夫 | 2019/7/28 |
| 25 | 千葉 | 自民 | 石井 準一 | 2019/7/28 |
| 26 | 千葉 | 自民 | 猪口 邦子 | 2016/7/25 |
| 27 | 千葉 | 自民 | 豊田 俊郎 | 2019/7/28 |
| 28 | 東京 | 自民 | 武見 敬三 | 2019/7/28 |
| 29 | 東京 | 自民 | 中川 雅治 | 2016/7/25 |
| 30 | 東京 | 自民 | 丸川 珠代 | 2019/7/28 |
| 31 | 東京 | 公明 | 竹谷 とし子 | 2016/7/25 |
| 32 | 東京 | 公明 | 山口 那津男 | 2019/7/28 |
| 33 | 東京 | 元気 | 松田 公太 | 2016/7/25 |
| 34 | 神奈川 | 自民 | 小泉 昭男 | 2016/7/25 |
| 35 | 神奈川1 | 自民 | 島村 大 | 2019/7/28 |
| 36 | 神奈川 | 公明 | 佐々木 さやか | 2019/7/28 |
| 37 | 神奈川 | 無 | 松沢 成文 | 2019/7/28 |
| 38 | 新潟 | 自民 | 塚田 一郎 | 2019/7/28 |

| | 選挙区 | 政党 | 氏名 | 任期満了 |
|---|---|---|---|---|
| 39 | 新潟 | 自民 | 中原 八一 | 2016／7／25 |
| 40 | 富山 | 自民 | 堂故 茂 | 2019／7／28 |
| 41 | 富山 | 自民 | 野上 浩太郎 | 2016／7／25 |
| 42 | 石川1 | 自民 | 岡田 直樹 | 2016／7／25 |
| 43 | 石川 | 自民 | 山田 修路 | 2019／7／28 |
| 44 | 福井1 | 自民 | 滝波 宏文 | 2019／7／28 |
| 45 | 山梨1 | 自民 | 森屋 宏 | 2019／7／28 |
| 46 | 長野 | 自民 | 吉田 博美 | 2019／7／28 |
| 47 | 長野 | 自民 | 若林 健太 | 2016／7／25 |
| 48 | 岐阜1 | 自民 | 大野 泰正 | 2019／7／28 |
| 49 | 岐阜 | 自民 | 渡辺 猛之 | 2016／7／25 |
| 50 | 静岡 | 自民 | 岩井 茂樹 | 2016／7／25 |
| 51 | 静岡 | 自民 | 牧野 京夫 | 2019／7／28 |
| 52 | 愛知1 | 自民 | 酒井 庸行 | 2019／7／28 |
| 53 | 愛知 | 自民 | 藤川 政人 | 2016／7／25 |
| 54 | 三重 | 自民 | 吉川 ゆうみ | 2019／7／28 |
| 55 | 滋賀1 | 自民 | 二之湯 武史 | 2019／7／28 |
| 56 | 京都 | 自民 | 西田 昌司 | 2019／7／28 |
| 57 | 京都 | 自民 | 二之湯 智 | 2016／7／25 |
| 58 | 大阪 | 自民 | 北川 イッセイ | 2016／7／25 |

| | 選挙区 | 政党 | 氏名 | 任期満了 |
|---|---|---|---|---|
| 59 | 大阪 | 自民 | 柳本 卓治 | 2019／7／28 |
| 60 | 大阪 | 公明 | 石川 博崇 | 2016／7／25 |
| 61 | 大阪 | 公明 | 杉 久武 | 2019／7／28 |
| 62 | 兵庫 | 自民 | 鴻池 祥肇 | 2019／7／28 |
| 63 | 兵庫 | 自民 | 末松 信介 | 2016／7／25 |
| 64 | 奈良 | 自民 | 堀井 巌 | 2019／7／28 |
| 65 | 和歌山 | 自民 | 世耕 弘成 | 2019／7／28 |
| 66 | 和歌山 | 自民 | 鶴保 庸介 | 2016／7／25 |
| 67 | 鳥取1 | 自民 | 舞立 昇治 | 2019／7／28 |
| 68 | 鳥取 | 次代 | 浜田 和幸 | 2016／7／25 |
| 69 | 島根 | 自民 | 青木 一彦 | 2016／7／25 |
| 70 | 島根 | 自民 | 島田 三郎 | 2019／7／28 |
| 71 | 岡山 | 自民 | 石井 正弘 | 2019／7／28 |
| 72 | 広島 | 自民 | 溝手 顕正 | 2019／7／28 |
| 73 | 広島 | 自民 | 宮沢 洋一 | 2016／7／25 |
| 74 | 山口1 | 自民 | 江島 潔 | 2016／7／25 |
| 75 | 山口 | 自民 | 林 芳正 | 2019／7／28 |
| 76 | 香川 | 自民 | 磯崎 仁彦 | 2016／7／25 |
| 77 | 香川 | 自民 | 三宅 伸吾 | 2019／7／28 |
| 78 | 愛媛1 | 自民 | 井原 巧 | 2019／7／28 |

| | 選挙区 | 政党 | 氏名 | 任期満了 |
|---|---|---|---|---|
| 79 | 愛媛 | 自民 | 山本 順三 | 2016/7/25 |
| 80 | 徳島 | 自民 | 中西 祐介 | 2016/7/25 |
| 81 | 徳島 | 自民 | 三木 亨 | 2019/7/28 |
| 82 | 高知 | 自民 | 高野 光二郎 | 2019/7/28 |
| 83 | 福岡1 | 自民 | 大家 敏志 | 2016/7/25 |
| 84 | 福岡 | 自民 | 松山 政司 | 2019/7/28 |
| 85 | 佐賀 | 自民 | 福岡 資麿 | 2016/7/25 |
| 86 | 佐賀 | 自民 | 山下 雄平 | 2019/7/28 |
| 87 | 長崎 | 自民 | 金子 原二郎 | 2016/7/25 |
| 88 | 長崎1 | 自民 | 古賀 友一郎 | 2019/7/28 |
| 89 | 熊本 | 自民 | 馬場 成志 | 2019/7/28 |
| 90 | 熊本 | 自民 | 松村 祥史 | 2016/7/25 |
| 91 | 大分 | 自民 | 礒崎 陽輔 | 2019/7/28 |
| 92 | 宮崎 | 自民 | 長峯 誠 | 2019/7/28 |
| 93 | 宮崎 | 自民 | 松下 新平 | 2016/7/25 |
| 94 | 鹿児島 | 自民 | 尾辻 秀久 | 2019/7/28 |
| 95 | 鹿児島 | 自民 | 野村 哲郎 | 2016/7/25 |
| 96 | 沖縄 | 自民 | 島尻 安伊子 | 2016/7/25 |
| 97 | 比）全国 | 自民 | 赤池 誠章 | 2019/7/28 |
| 98 | 比）全国 | 自民 | 赤石 清美 | 2016/7/25 |
| 99 | 比）全国1 | 自民 | 阿達 雅志 | 2016/7/25 |
| 100 | 比）全国 | 自民 | 有村 治子 | 2019/7/28 |
| 101 | 比）全国 | 自民 | 石田 昌宏 | 2019/7/28 |
| 102 | 比）全国 | 自民 | 太田 房江 | 2019/7/28 |
| 103 | 比）全国 | 自民 | 北村 経夫 | 2019/7/28 |
| 104 | 比）全国 | 自民 | 木村 義雄 | 2019/7/28 |
| 105 | 比）全国 | 自民 | 柘植 芳文 | 2019/7/28 |
| 106 | 比）全国 | 自民 | 羽生田 俊 | 2019/7/28 |
| 107 | 比）全国 | 自民 | 堀内 恒夫 | 2016/7/25 |
| 108 | 比）全国 | 自民 | 宮本 周司 | 2019/7/28 |
| 109 | 比）全国 | 自民 | 渡邉 美樹 | 2019/7/28 |
| 110 | 比）全国 | 自民 | 石井 みどり | 2019/7/28 |
| 111 | 比）全国 | 自民 | 宇都 隆史 | 2016/7/25 |
| 112 | 比）全国 | 自民 | 衛藤 晟一 | 2019/7/28 |
| 113 | 比）全国 | 自民 | 片山 さつき | 2016/7/25 |
| 114 | 比）全国 | 自民 | 小坂 憲次 | 2016/7/25 |
| 115 | 比）全国 | 自民 | 佐藤 信秋 | 2019/7/28 |
| 116 | 比）全国1 | 自民 | 佐藤 正久 | 2019/7/28 |
| 117 | 比）全国 | 自民 | 山東 昭子 | 2019/7/28 |
| 118 | 比）全国 | 自民 | 高階 恵美子 | 2016/7/25 |

| | 選挙区 | 政党 | 氏名 | 任期満了 |
|---|---|---|---|---|
| 119 | 比）全国 | 自民 | 橋本聖子 | 2019/7/28 |
| 120 | 比）全国 | 自民 | 藤井基之 | 2016/7/25 |
| 121 | 比）全国 | 自民 | 丸山和也 | 2019/7/28 |
| 122 | 比）全国 | 自民 | 水落敏栄 | 2016/7/25 |
| 123 | 比）全国 | 自民 | 三原じゅん子 | 2016/7/25 |
| 124 | 比）全国 | 自民 | 山田俊男 | 2019/7/28 |
| 125 | 比）全国 | 自民 | 山谷えり子 | 2016/7/25 |
| 126 | 比）全国 | 自民 | 脇雅史 | 2016/7/25 |
| 127 | 比）全国1 | 公明 | 河野義博 | 2019/7/28 |
| 128 | 比）全国1 | 公明 | 新妻秀規 | 2019/7/28 |
| 129 | 比）全国 | 公明 | 平木大作 | 2019/7/28 |
| 130 | 比）全国1 | 公明 | 若松謙維 | 2019/7/28 |
| 131 | 比）全国 | 公明 | 秋野公造 | 2016/7/25 |
| 132 | 比）全国 | 公明 | 荒木清寛 | 2016/7/25 |
| 133 | 比）全国 | 公明 | 魚住裕一郎 | 2019/7/28 |
| 134 | 比）全国 | 公明 | 谷合正明 | 2016/7/25 |
| 135 | 比）全国 | 公明 | 長沢広明 | 2016/7/25 |
| 136 | 比）全国 | 公明 | 浜田昌良 | 2016/7/25 |
| 137 | 比）全国 | 公明 | 山本香苗 | 2019/7/28 |
| 138 | 比）全国 | 公明 | 山本博司 | 2019/7/28 |

| | 選挙区 | 政党 | 氏名 | 任期満了 |
|---|---|---|---|---|
| 139 | 比）全国 | 公明 | 横山信一 | 2016/7/25 |
| 140 | 比）全国 | 次代 | 中野正志 | 2019/7/28 |
| 141 | 比）全国 | 次代 | 江口克彦 | 2016/7/25 |
| 142 | 比）全国 | 次代 | 中山恭子 | 2019/7/28 |
| 143 | 比）全国 | 元気 | アントニオ猪木 | 2019/7/28 |
| 144 | 比）全国 | 元気 | 井上義行 | 2019/7/28 |
| 145 | 比）全国 | 元気 | 山口和之 | 2019/7/28 |
| 146 | 比）全国 | 元気 | 山田太郎 | 2016/7/25 |
| 147 | 比）全国 | 改革 | 荒井広幸 | 2016/7/25 |
| 148 | 比）全国 | 無 | 田中茂 | 2016/7/25 |

※【備考】公職選挙法の改正により、２０１６年参議院選より選挙区定数が変更。総数は変化なし。合区は［鳥取＋島根］、［徳島＋高知］の２区

| | 選挙区 | 政党 | 氏名 |
|---|---|---|---|
| 118 | 東京24 | 自民 | 萩生田 光一 |
| 119 | 東京25 | 自民 | 井上 信治 |
| 120 | 東京12 | 公明 | 太田 昭宏 |
| 121 | 比）東京都 | 自民 | 赤枝 恒雄 |
| 122 | 比）東京都 | 自民 | 秋元 司 |
| 123 | 比）東京都 | 自民 | 鈴木 隼人 |
| 124 | 比）東京都 | 自民 | 前川 恵 |
| 125 | 比）東京都 | 自民 | 松本 文明 |
| 126 | 比）東京都 | 公明 | 高木 美智代 |
| 127 | 比）東京都 | 公明 | 高木 陽介 |
| 128 | 千葉2 | 自民 | 小林 鷹之 |
| 129 | 千葉3 | 自民 | 松野 博一 |
| 130 | 千葉5 | 自民 | 薗浦 健太郎 |
| 131 | 千葉6 | 自民 | 渡辺 博道 |
| 132 | 千葉7 | 自民 | 齋藤 健 |
| 133 | 千葉8 | 自民 | 櫻田 義孝 |
| 134 | 千葉9 | 自民 | 秋本 真利 |
| 135 | 千葉10 | 自民 | 林 幹雄 |
| 136 | 千葉11 | 自民 | 森 英介 |
| 137 | 千葉12 | 自民 | 浜田 靖一 |

| | 選挙区 | 政党 | 氏名 |
|---|---|---|---|
| 138 | 千葉13 | 自民 | 白須賀 貴樹 |
| 139 | 神奈川1 | 自民 | 松本 純 |
| 140 | 神奈川2 | 自民 | 菅 義偉 |
| 141 | 神奈川3 | 自民 | 小此木 八郎 |
| 142 | 神奈川5 | 自民 | 坂井 学 |
| 143 | 神奈川7 | 自民 | 鈴木 馨祐 |
| 144 | 神奈川10 | 自民 | 田中 和徳 |
| 145 | 神奈川11 | 自民 | 小泉 進次郎 |
| 146 | 神奈川12 | 自民 | 星野 剛士 |
| 147 | 神奈川13 | 自民 | 甘利 明 |
| 148 | 神奈川14 | 自民 | 赤間 二郎 |
| 149 | 神奈川15 | 自民 | 河野 太郎 |
| 150 | 神奈川17 | 自民 | 牧島 かれん |
| 151 | 神奈川18 | 自民 | 山際 大志郎 |
| 152 | 神奈川6 | 公明 | 上田 勇 |
| 153 | 山梨2 | 無 | 長崎 幸太郎 |
| 154 | 比）南関東 | 自民 | 門山 宏哲 |
| 155 | 比）南関東 | 自民 | 中谷 真一 |
| 156 | 比）南関東 | 自民 | 中山 展宏 |
| 157 | 比）南関東 | 自民 | ふくだ 峰之 |

| | 選挙区 | 政党 | 氏名 |
|---|---|---|---|
| 158 | 比）南関東 | 自民 | 堀内 詔子 |
| 159 | 比）南関東 | 自民 | 宮川 典子 |
| 160 | 比）南関東 | 自民 | 山本 朋広 |
| 161 | 比）南関東 | 自民 | 義家 弘介 |
| 162 | 比）南関東 | 公明 | 角田 秀穂 |
| 163 | 比）南関東 | 公明 | 古屋 範子 |
| 164 | 比）南関東 | 公明 | 富田 茂之 |
| 165 | 岐阜1 | 自民 | 野田 聖子 |
| 166 | 岐阜2 | 自民 | 棚橋 泰文 |
| 167 | 岐阜3 | 自民 | 武藤 容治 |
| 168 | 岐阜4 | 自民 | 金子 一義 |
| 169 | 岐阜5 | 自民 | 古屋 圭司 |
| 170 | 静岡1 | 自民 | 上川 陽子 |
| 171 | 静岡2 | 自民 | 井林 辰憲 |
| 172 | 静岡3 | 自民 | 宮澤 博行 |
| 173 | 静岡4 | 自民 | 望月 義夫 |
| 174 | 静岡7 | 自民 | 城内 実 |
| 175 | 静岡8 | 自民 | 塩谷 立 |
| 176 | 愛知1 | 自民 | 熊田 裕通 |
| 177 | 愛知4 | 自民 | 工藤 彰三 |

| | 選挙区 | 政党 | 氏名 |
|---|---|---|---|
| 178 | 愛知6 | 自民 | 丹羽 秀樹 |
| 179 | 愛知8 | 自民 | 伊藤 忠彦 |
| 180 | 愛知9 | 自民 | 長坂 康正 |
| 181 | 愛知10 | 自民 | 江崎 鐵磨 |
| 182 | 愛知14 | 自民 | 今枝 宗一郎 |
| 183 | 愛知15 | 自民 | 根本 幸典 |
| 184 | 三重1 | 自民 | 川崎 二郎 |
| 185 | 三重4 | 自民 | 田村 憲久 |
| 186 | 三重5 | 自民 | 三ッ矢 憲生 |
| 187 | 比）東海 | 自民 | 青山 周平 |
| 188 | 比）東海 | 自民 | 池田 佳隆 |
| 189 | 比）東海 | 自民 | 大見 正 |
| 190 | 比）東海 | 自民 | 勝俣 孝明 |
| 191 | 比）東海 | 自民 | 神田 憲次 |
| 192 | 比）東海 | 自民 | 島田 佳和 |
| 193 | 比）東海 | 自民 | 鈴木 淳司 |
| 194 | 比）東海 | 自民 | 八木 哲也 |
| 195 | 比）東海 | 公明 | 伊藤 渉 |
| 196 | 比）東海 | 公明 | 大口 善徳 |
| 197 | 比）東海 | 公明 | 中川 康洋 |

| | 選挙区 | 政党 | 氏名 |
|---|---|---|---|
| 198 | 滋賀1 | 自民 | 大岡 敏孝 |
| 199 | 滋賀2 | 自民 | 上野 賢一郎 |
| 200 | 滋賀3 | 自民 | 武村 展英 |
| 201 | 滋賀4 | 無 | 武藤 貴也 |
| 202 | 京都1 | 自民 | 伊吹 文明 |
| 203 | 京都3 | 自民 | 宮崎 謙介 |
| 204 | 京都4 | 自民 | 田中 英之 |
| 205 | 京都5 | 自民 | 谷垣 禎一 |
| 206 | 大阪2 | 自民 | 左藤 章 |
| 207 | 大阪4 | 自民 | 中山 泰秀 |
| 208 | 大阪7 | 自民 | 渡嘉敷 奈緒美 |
| 209 | 大阪8 | 自民 | 大塚 高司 |
| 210 | 大阪9 | 自民 | 原田 憲治 |
| 211 | 大阪11 | 自民 | 佐藤 ゆかり |
| 212 | 大阪12 | 自民 | 北川 知克 |
| 213 | 大阪13 | 自民 | 宗清 皇一 |
| 214 | 大阪15 | 自民 | 竹本 直一 |
| 215 | 大阪3 | 公明 | 佐藤 茂樹 |
| 216 | 大阪5 | 公明 | 國重 徹 |
| 217 | 大阪6 | 公明 | 伊佐 進一 |

| | 選挙区 | 政党 | 氏名 |
|---|---|---|---|
| 218 | 大阪16 | 公明 | 北側 一雄 |
| 219 | 兵庫3 | 自民 | 関 芳弘 |
| 220 | 兵庫4 | 自民 | 藤井 比早之 |
| 221 | 兵庫5 | 自民 | 谷 公一 |
| 222 | 兵庫6 | 自民 | 大串 正樹 |
| 223 | 兵庫7 | 自民 | 山田 賢司 |
| 224 | 兵庫9 | 自民 | 西村 康稔 |
| 225 | 兵庫10 | 自民 | 渡海 紀三朗 |
| 226 | 兵庫12 | 自民 | 山口 壯 |
| 227 | 兵庫2 | 公明 | 赤羽 一嘉 |
| 228 | 兵庫8 | 公明 | 中野 洋昌 |
| 229 | 奈良2 | 自民 | 高市 早苗 |
| 230 | 奈良3 | 自民 | 奥野 信亮 |
| 231 | 奈良4 | 自民 | 田野瀬 太道 |
| 232 | 和歌山2 | 自民 | 石田 真敏 |
| 233 | 和歌山3 | 自民 | 二階 俊博 |
| 234 | 比）近畿 | 自民 | 安藤 裕 |
| 235 | 比）近畿 | 自民 | 大隈 和英 |
| 236 | 比）近畿 | 自民 | 大西 宏幸 |
| 237 | 比）近畿 | 自民 | 岡下 昌平 |

| | 選挙区 | 政党 | 氏名 |
|---|---|---|---|
| 238 | 比）近畿 | 自民 | 門博文 |
| 239 | 比）近畿 | 自民 | 神谷昇 |
| 240 | 比）近畿 | 自民 | 谷川とむ |
| 241 | 比）近畿 | 自民 | 長尾敬 |
| 242 | 比）近畿 | 自民 | 盛山正仁 |
| 243 | 比）近畿 | 公明 | 浮島智子 |
| 244 | 比）近畿 | 公明 | 竹内譲 |
| 245 | 比）近畿 | 公明 | 濱村進 |
| 246 | 比）近畿 | 公明 | 樋口尚也 |
| 247 | 鳥取1 | 自民 | 石破茂 |
| 248 | 鳥取2 | 自民 | 赤澤亮正 |
| 249 | 島根1 | 自民 | 細田博之 |
| 250 | 島根2 | 自民 | 竹下亘 |
| 251 | 岡山1 | 自民 | 逢沢一郎 |
| 252 | 岡山2 | 自民 | 山下貴司 |
| 253 | 岡山3 | 自民 | 平沼赳夫 |
| 254 | 岡山4 | 自民 | 橋本岳 |
| 255 | 岡山5 | 自民 | 加藤勝信 |
| 256 | 広島1 | 自民 | 岸田文雄 |
| 257 | 広島2 | 自民 | 平口洋 |
| 258 | 広島3 | 自民 | 河井克行 |
| 259 | 広島4 | 自民 | 中川俊直 |
| 260 | 広島5 | 自民 | 寺田稔 |
| 261 | 広島7 | 自民 | 小林史明 |
| 262 | 山口1 | 自民 | 高村正彦 |
| 263 | 山口2 | 自民 | 岸信夫 |
| 264 | 山口3 | 自民 | 河村建夫 |
| 265 | 山口4 | 自民 | 安倍晋三 |
| 266 | 比）中国 | 自民 | あべ俊子 |
| 267 | 比）中国 | 自民 | 池田道孝 |
| 268 | 比）中国 | 自民 | 小島敏文 |
| 269 | 比）中国 | 自民 | 新谷正義 |
| 270 | 比）中国 | 自民 | 古田圭一 |
| 271 | 比）中国 | 公明 | 斉藤鉄夫 |
| 272 | 比）中国 | 公明 | 桝屋敬悟 |
| 273 | 徳島1 | 自民 | 後藤田正純 |
| 274 | 徳島2 | 自民 | 山口俊一 |
| 275 | 香川1 | 自民 | 平井卓也 |
| 276 | 香川3 | 自民 | 大野敬太郎 |
| 277 | 愛媛1 | 自民 | 塩崎恭久 |
| 278 | 愛媛3 | 自民 | 白石徹 |
| 279 | 愛媛4 | 自民 | 山本公一 |
| 280 | 高知2 | 自民 | 山本有二 |
| 281 | 比）四国 | 自民 | 瀬戸隆一 |
| 282 | 比）四国 | 自民 | 福井照 |
| 283 | 比）四国 | 自民 | 福山守 |
| 284 | 比）四国 | 公明 | 石田祝稔 |
| 285 | 福岡1 | 自民 | 井上貴博 |
| 286 | 福岡2 | 自民 | 鬼木誠 |
| 287 | 福岡3 | 自民 | 古賀篤 |
| 288 | 福岡4 | 自民 | 宮内秀樹 |
| 289 | 福岡5 | 自民 | 原田義昭 |
| 290 | 福岡6 | 自民 | 鳩山邦夫 |
| 291 | 福岡7 | 自民 | 藤丸敏 |
| 292 | 福岡8 | 自民 | 麻生太郎 |
| 293 | 福岡9 | 自民 | 三原朝彦 |
| 294 | 福岡10 | 自民 | 山本幸三 |
| 295 | 福岡11 | 自民 | 武田良太 |
| 296 | 佐賀2 | 自民 | 古川康 |
| 297 | 長崎1 | 自民 | 冨岡勉 |

| | 選挙区 | 政党 | 氏名 |
|---|---|---|---|
| 298 | 長崎2 | 自民 | 加藤寛治 |
| 299 | 長崎3 | 自民 | 谷川弥一 |
| 300 | 長崎4 | 自民 | 北村誠吾 |
| 301 | 熊本1 | 自民 | 木原稔 |
| 302 | 熊本2 | 自民 | 野田毅 |
| 303 | 熊本3 | 自民 | 坂本哲志 |
| 304 | 熊本4 | 自民 | 園田博之 |
| 305 | 熊本5 | 自民 | 金子恭之 |
| 306 | 大分2 | 自民 | 衛藤征士郎 |
| 307 | 大分3 | 自民 | 岩屋毅 |
| 308 | 宮崎1 | 自民 | 武井俊輔 |
| 309 | 宮崎2 | 自民 | 江藤拓 |
| 310 | 宮崎3 | 自民 | 古川禎久 |
| 311 | 鹿児島1 | 自民 | 保岡興治 |
| 312 | 鹿児島2 | 自民 | 金子万寿夫 |
| 313 | 鹿児島4 | 自民 | 小里泰弘 |
| 314 | 鹿児島5 | 自民 | 森山裕 |
| 315 | 比）九州 | 自民 | 穴見陽一 |
| 316 | 比）九州 | 自民 | 今村雅弘 |
| 317 | 比）九州 | 自民 | 岩田和親 |
| 318 | 比）九州 | 自民 | 國場幸之助 |
| 319 | 比）九州 | 自民 | 西銘恒三郎 |
| 320 | 比）九州 | 自民 | 比嘉奈津美 |
| 321 | 比）九州 | 自民 | 宮崎政久 |
| 322 | 比）九州 | 自民 | 宮路拓馬 |
| 323 | 比）九州 | 公明 | 江田康幸 |
| 324 | 比）九州 | 公明 | 遠山清彦 |
| 325 | 比）九州 | 公明 | 浜地雅一 |
| 326 | 比）九州 | 公明 | 吉田宣弘 |

# おわりに

戦争法案反対運動は、同法案成立後、安倍政権の暴走をくい止め、戦争法の廃止を実現する運動として展開し始めています。主権者は決して諦めてはいません。それどころか、新たな民主主義運動を展開しようとしているのです。これまで戦争法案の成立に反対し、その反対運動を行ってきた様々な団体や個々の市民のなかには、戦争法案に賛成した政党（自民党、公明党、次世代の党、日本を元気にする会、新党改革）の国会議員を落選させようと訴えており、それを支援する運動が始まろうとしています。

この落選運動とその支援運動は、選挙運動ではなく、政治活動ですから、民主主義運動です。「べからず選挙法」である現行の公職選挙法のもとでは、選挙の事前運動ができないため、落選運動・支援運動は重要な民主主義運動になる可能性を有しています。とりわけ民意を歪曲してきた違憲の選挙制度（衆議院の小選挙区選挙と参議院の選挙区選挙）・政治資金制度（政党助成金と企業・団体献金）のもとでは、この民主主義運動を行わざるを得ないし、この運動を大きく広げる必要があります。これに成功すれば、戦争法の廃止と立憲主義の復活も実現できるでしょう。

本書は、その運動の一書になることを願った1冊であり、私もこれまで市民運動で大臣・政治家の「政治とカネ」問題を追及してきた手法を活かして落選運動とその支援運動を具体的に行うという決意表明の1冊でもあります。

2015年12月6日

【著者紹介】

上脇　博之（かみわきひろし）

1958年生まれ。鹿児島県姶良郡隼人町（現「霧島市隼人町」）出身。加治木高校、関西大学法学部卒業。神戸大学大学院法学研究科博士課程後期課程単位取得。博士（法学。神戸大学）。
神戸学院大学法学部教授。憲法学。政党、政治資金、選挙制度などの憲法問題が専門。
政治資金オンブズマン共同代表、「憲法改悪阻止兵庫県各界連絡会」（兵庫県憲法会議）幹事など。

単著　『なぜ4割の得票で8割の議席なのか』日本機関紙出版センター　2013年
『自民改憲案 VS 日本国憲法』同　2013年
『安倍改憲と「政治改革」』同　2013年
『どう思う？　地方議員削減』同　2014年
『誰も言わない政党助成金の闇』同　2014年
『財界主権国家・ニッポン』同　2014年
『告発！政治とカネ』かもがわ出版　2015年

共著　『国会議員定数削減と私たちの選択』新日本出版社　2011年。

**追及！民主主義の蹂躙者たち　戦争法廃止と立憲主義復活のために**

2016年1月20日　初版第1刷発行

著者　上脇　博之
発行者　坂手　崇保
発行所　日本機関紙出版センター
〒553-0006　大阪市福島区吉野3-2-35
TEL06-6465-1254　FAX06-6465-1255
DTP　Third
印刷・製本　シナノパブリッシングプレス
編集　丸尾忠義

ISBN978-4-88900-930-9